"十四五"时期国家重点出版物出版专项规划项目
现代土木工程精品系列图书
黑龙江省优秀学术著作

# 施工临时钢结构设计理论与工程应用

刘昌永　袁长春　王玉银　刘　振　樊立龙　编著

哈尔滨工业大学出版社

## 内 容 简 介

本书以施工临时钢结构为研究对象,介绍了临时钢结构材料性能和梁、柱的稳定理论,讲述了碗扣式钢管脚手架、贝雷梁柱式支架和钢栈桥三种典型施工临时钢结构的设计方法。为了达到理论与实践相结合的目的,本书对碗扣式钢管脚手架和贝雷梁柱式支架进行了典型事故分析,并分别针对碗扣式钢管脚手架、贝雷梁柱式支架和钢栈桥结构提供了典型工程实例,以供读者参考学习。

本书可供土木工程及相关专业本科生与研究生教学使用,也可供相关临时钢结构的工程设计及施工技术人员参考。

**图书在版编目(CIP)数据**

施工临时钢结构设计理论与工程应用/刘昌永等编著.—哈尔滨:哈尔滨工业大学出版社,2025.3

(现代土木工程精品系列图书).—ISBN 978-7-5767-1651-1

Ⅰ.TU391.04

中国国家版本馆 CIP 数据核字第 2024Q405W0 号

| 策划编辑 | 王桂芝 |
|---|---|
| 责任编辑 | 谢晓彤 刘 威 |
| 出版发行 | 哈尔滨工业大学出版社 |
| 社　　址 | 哈尔滨市南岗区复华四道街10号　邮编150006 |
| 传　　真 | 0451-86414749 |
| 网　　址 | http://hitpress.hit.edu.cn |
| 印　　刷 | 哈尔滨市颉升高印刷有限公司 |
| 开　　本 | 787 mm×1 092 mm　1/16　印张 13.75　字数 326 千字 |
| 版　　次 | 2025 年 3 月第 1 版　2025 年 3 月第 1 次印刷 |
| 书　　号 | ISBN 978-7-5767-1651-1 |
| 定　　价 | 59.00 元 |

(如因印装质量问题影响阅读,我社负责调换)

# 前　言

近年来，随着国内经济的快速发展，铁路、公路、市政、水电等基础设施建设步入高速发展阶段，工程建设的地域范围逐步拓展至深水、外海、高原冻土等极端自然环境。在此背景下，施工建造阶段的安全风险日益凸显，尤其是广泛应用于该阶段的临时结构，其安全问题更是备受关注。

钢结构因其施工周期短、安装便捷、可重复利用等优点，已成为施工阶段临时结构的主要形式。然而，与主体结构的标准化设计不同，临时钢结构通常由施工单位自行设计，其设计受限于建设项目的工期、成本、既有经验等多种因素，同时在设计理论、施工工艺及计算分析方法上存在较大的随意性和差异性。此外，由于施工单位之间技术水平参差不齐，临时钢结构的安全性难以充分保障，潜在隐患较多。因此，有必要系统研究施工临时钢结构的设计与分析理论，结合工程实践经验，总结相关案例，制定更加科学合理的设计和验算方法，确保施工安全。

哈尔滨工业大学土木工程学院团队基于多年钢结构及组合结构方面的研究理论和实践经验，总结并撰写了本书。书中不仅介绍钢结构的相关理论，还针对碗扣式钢管脚手架、贝雷梁柱式支架和钢栈桥等典型临时钢结构的设计要点进行了详细讲解。同时，书中还精选了实际工程中发生的典型安全事故案例，并提供了临时钢结构设计计算范例，具有较强的实践指导价值。需要注意的是，现行临时结构设计的相关规范或标准尚不够明确，各行业对临时结构的关注重点亦存在一定差异，因此在借鉴使用时，应结合具体工程需求进行充分对比与分析。

书中部分彩图以二维码的形式随文编排，如有需要可扫码阅读。

本书由刘昌永、王玉银、刘振、樊立龙、袁长春共同撰写，王庆贺担任主审。在本书的撰写过程中，胡清、路巍、张思远、魏晨阳、王莹、韩鑫浩、赵威、马雪峰、孙铭阳、陈博文、张士龙、李雪来、王晓隆、朱惠鹏提供了大量的实测与实验数据，在此表示感谢。此外，作者团队中的部分成员协助完成了资料整理、文字加工等方面的工作，具体分工如下：胡清、韩鑫浩负责第1章；魏晨阳、孙铭阳负责第2、3章；陈博文、张士龙负责第4、7章；李雪来、王晓隆负责第5、6章；王莹、朱惠鹏负责第8、9章。特别感谢上述人员为本书的撰写与顺利出版所提供的帮助。

由于作者水平有限，书中难免存在疏漏与不足之处，恳请广大读者批评指正。

作　者
2025年1月

# 目 录

第1章 钢结构稳定理论 ································································· 1
　1.1 概述 ······································································································ 1
　1.2 临时钢结构材料性能 ············································································ 1
　1.3 梁的稳定理论 ······················································································· 4
　1.4 柱的稳定理论 ····················································································· 16

第2章 碗扣式钢管脚手架的设计方法 ······················································ 38
　2.1 概述 ···································································································· 38
　2.2 碗扣式钢管脚手架的典型形式 ·························································· 38
　2.3 碗扣式钢管脚手架的设计方法 ·························································· 41

第3章 碗扣式钢管脚手架的典型事故分析 ·············································· 49
　3.1 概述 ···································································································· 49
　3.2 碗扣式钢管脚手架的典型事故案例的收集和整理 ···························· 49
　3.3 碗扣式钢管脚手架的事故原因分析 ·················································· 56
　3.4 碗扣式钢管脚手架事故的工程应对 ·················································· 67

第4章 碗扣式钢管脚手架的典型工程实例 ·············································· 68
　4.1 概述 ···································································································· 68
　4.2 工程实例1：某公路桥现浇连续梁支架设计 ····································· 68
　4.3 工程实例2：某转体桥工程现浇主梁0#块支架设计 ························· 84

第5章 贝雷梁柱式支架的设计方法 ·························································· 96
　5.1 概述 ···································································································· 96
　5.2 贝雷梁柱式支架结构的典型形式 ······················································ 96
　5.3 贝雷梁柱式支架的结构设计 ······························································ 99

第6章 梁柱式支架的典型事故分析 ························································ 108
　6.1 概述 ·································································································· 108
　6.2 梁柱式支架的典型事故案例的收集和整理 ···································· 108
　6.3 梁柱式支架的事故原因分析 ···························································· 115
　6.4 梁柱式支架事故的工程应对 ···························································· 123

第7章 梁柱式支架的典型工程实例 ························································ 128
　7.1 概述 ·································································································· 128

7.2 工程实例1:某大桥主塔现浇上横梁支架设计……128
7.3 工程实例2:新建某大桥岸上引桥33#~35#现浇支架设计……146

## 第8章 钢栈桥的设计方法……164
8.1 概述……164
8.2 钢栈桥的典型形式……164
8.3 荷载……170
8.4 设计与计算……172

## 第9章 钢栈桥的典型工程实例……176
9.1 概述……176
9.2 工程实例1:某公铁两用大桥裸岩区栈桥设计……176
9.3 工程实例2:某涉铁桥梁12#~15#墩栈桥设计……184

**参考文献**……207

**名词索引**……211

# 第1章 钢结构稳定理论

## 1.1 概述

根据 GB 50017—2017《钢结构设计标准》，钢结构的设计要满足安全性、适用性和耐久性要求，即结构的可靠性要求。在钢结构设计过程中，要考虑强度、刚度和稳定性要求。其中，稳定性是极限荷载能力状态中的安全性控制指标，是构件在荷载作用下保持原有平衡形态的能力。在临时钢结构体系中，对于因受压、受弯和受剪等存在受压区的构件或板件，如果技术上处理不当，就可能使钢结构出现整体失稳或局部失稳。失稳前结构物的变形可能很微小，突然失稳使得结构物的几何形状急剧改变，结构物完全丧失抵抗能力，以致发生整体塌落，因此，稳定问题是钢结构设计需考虑的关键问题之一。本章首先介绍了部分临时钢结构中仍在使用的旧牌号钢材的力学性能，如 A3 钢（对应 Q235 钢）和 16Mn 钢（对应 Q355 钢）；然后着重介绍了临时钢结构体系中最为常见的梁、柱的稳定理论，列出了规范中规定的相应设计方法，供相关临时钢结构的工程设计及施工技术人员参考。

## 1.2 临时钢结构材料性能

### 1.2.1 临时钢结构材料

钢铁材料因其价格低廉、加工工艺性好、可靠性高，成为工程广泛应用的材料之一。市面上现有的钢材品种有建筑结构用钢、厚度方向钢、耐候钢、耐火钢、截面特性优异的热轧或冷弯型材等，钢厂生产的专业化钢材品种逐渐满足钢结构产业的发展需求。

钢结构常用钢材根据化学成分可分为碳素结构钢、低合金高强度结构钢、优质碳素结构钢、桥梁用结构钢、建筑结构用钢、耐候结构钢、焊接结构用铸钢件、一般工程与结构用低合金钢铸件等；根据屈服强度，钢种可分为Ⅰ、Ⅱ、Ⅲ、Ⅳ四个等级；按照供货状态，钢种可分为热轧钢、正火钢、控轧钢、控轧控冷（TMCP）钢、TMCP+回火处理钢、淬火+回火钢、淬火+自回火钢等。三种分类任意组合选用，可以满足不同类型钢结构需求。目前，常用钢材牌号举例见表1.1。

对于临时钢结构，除了表1.1所示的常用钢材牌号外，在实际工程中还会涉及一些采用旧版钢材标准规定的钢材制成的钢构件，比如：部分脚手架结构中的钢管依然采用 A3 钢，钢栈桥结构中贝雷架的桁架杆件采用 16Mn 钢等。因此，本节将对这两种在临时钢结构中常用的钢材进行简单介绍。

表1.1 常用钢材牌号举例

| 国家标准 | 常用钢材牌号举例 |
| --- | --- |
| GB/T 700—2006<br>《碳素结构钢》 | Q195、Q215、Q235、Q275 |
| GB/T 1591—2018<br>《低合金高强度结构钢》 | Q355、Q390、Q420、Q460、Q550、Q620、Q690 |
| GB/T 714—2015<br>《桥梁用结构钢》 | Q345q、Q370q、Q420q、Q460q、Q500q、Q550q |
| GB/T 19879—2023<br>《建筑结构用钢板》 | Q235GJ、Q345GJ、Q390GJ、Q420GJ、Q460GJ、Q550GJ、Q620GJ、Q690GJ |
| GB/T 4171—2008<br>《耐候结构钢》 | Q235NH、Q295NH、Q355NH、Q415NH、Q460NH、Q500NH |

### 1.2.2 A3钢

A3钢属于碳素结构钢,是GB 700—79《碳素结构钢》中规定的甲类钢。在GB 700—79《碳素结构钢》中将钢分为三类:甲类钢(A类钢)按力学性能供应、乙类钢(B类钢)按化学成分供应、特类钢(C类钢)按力学性能和化学成分供应。然而,在标准GB/T 700—88《碳素结构钢》和GB/T 700—2006《碳素结构钢》中,钢材牌号由代表屈服点的字母Q、屈服点数值、质量等级符号和脱氧方法符号四个部分按顺序组成。因此,在新版标准中,A3钢已被取消,旧版标准中的A3钢在一定程度上相当于新版标准中的Q235A钢。

A3钢和Q235A钢在化学成分和力学性能上都大致相同,钢材的屈服强度均为235 MPa,且屈服强度会随着钢材厚度的增加而减小。但是这两种牌号的钢材依然存在一些区别:从化学成分上看,GB/T 700—2006版中规定Q235A的碳含量[①]不应大于0.22%,硅含量不应大于0.35%,锰含量不应大于1.4%,磷含量不应大于0.045%,硫含量不应大于0.05%,而在GB 700—79版中并未对A3钢中硫、磷的最大含量做出要求;从力学性能上看,GB/T 700—2006版中Q235A钢不需要进行冲击试验,而GB 700—79版中A3钢需要附加保证采用U形缺口的常温冲击试验。

A3钢含碳量适中,强度、塑性和焊接性能可以较好配合,且具有良好的热加工性,用途较为广泛。该种钢材一般在热轧状态下使用,用其轧制的型钢、钢筋、钢板、钢管可用于制造各种焊接结构件、桥梁及一些普通的机器零件,如螺栓、拉杆、铆钉、套环和连杆等。

### 1.2.3 16Mn钢

16Mn钢属于低合金结构钢,是GB 1591—88《低合金结构钢》中规定的牌号,其化学

---

① 未做特殊说明时,本书含量均指质量分数。

成分主要包括:碳(含量为 0.12%～0.18%)、锰(含量为 1.20%～1.60%)、硅(含量为 0.20%～0.55%)、磷(含量不应大于 0.045%)、硫(含量不应大于 0.045%)、铬(含量不应大于 0.030%)、镍(含量不应大于 0.030%)和铜(含量不应大于 0.030%)。16Mn 钢的力学性能与钢材厚度或直径有关,并且其拉伸、冷弯和冲击试验的结果均应符合表 1.2 中的规定。

表 1.2 16Mn 钢的力学性能

| 钢材厚度或直径 /mm | 抗拉强度 /(N·mm$^{-2}$) | 屈服点 /(N·mm$^{-2}$) | 伸长率 /% | 180°弯曲试验 ($d$=弯心直径, $a$=试样厚度) | 冲击试验 | |
|---|---|---|---|---|---|---|
| | | 不小于 | | | 温度 /℃ | V 形纵向冲击功/J |
| ≤16 | 510～660 | 345 | 22 | $d=2a$ | 20 | 不小于 27 |
| 16～25 | 490～640 | 325 | 21 | $d=3a$ | | |
| 25～36 | 470～620 | 315 | 21 | $d=3a$ | | |
| 36～50 | 470～620 | 295 | 21 | $d=3a$ | | |
| 50～100 方、圆钢 | 470～620 | 275 | 20 | $d=3a$ | | |

随着规范和标准的不断更新,在 GB/T 1591—94《低合金高强度结构钢》中,16Mn 钢被取消,并规定 Q345 牌号可与 GB 1591—88 版中 12MnV、16Mn、16MnRE、18Nb、14MnNb 牌号相对照,因此 16Mn 的材质与 GB/T 1591—94 版中的 Q345B(B 级代表需进行 20℃常温冲击)比较接近。但是与 16Mn 钢相比,Q345 钢中增加了 V、Ti 和 Nb 微量合金元素,这些合金元素能够细化晶粒、提高钢材的韧性,导致 Q345 钢的综合机械性能要优于 16Mn 钢,特别是其塑性性能和低温性能。2009 年,GB/T 1591—2008《低合金高强度结构钢》开始实施,与 GB/T 1591—94 版相比,Q345 钢的化学成分略有变化,其中锰元素含量从 GB/T 1591—94 版中的 1.00%～1.60%变为 GB/T 1591—2008 版中的不大于 1.70%。2019 年,GB/T 1591—2018 开始实施,Q345 钢被 Q355 钢代替,并且根据交货状态可被分为热轧钢(如 Q355)、正火及正火轧制钢(如 Q355N)和热机械轧制钢(如 Q355M),并按不同的交货状态规定了各牌号的化学成分和力学性能。

16Mn 钢一般在热轧或正火状态下使用,正火后可改善钢材的塑性、低温冲击韧性或冷压成型等加工性能。16Mn 钢中的合金含量较少,低温性能、冷冲压性能、焊接性能和可切削性能良好,且焊接前一般不必预热。但由于 16Mn 钢的淬硬倾向比低碳钢稍大,所以在低温条件下(如冬季露天作业)或在刚度大、厚度大的结构上焊接时,为防止出现冷裂纹,需采取预热措施。16Mn 钢具有与 A3 钢同样好的塑性和焊接性,但 16Mn 钢在化学成分上多了锰元素,因此其屈服强度比 A3 钢提高了 50%左右,耐大气腐蚀性能提高了 20%～38%,低温冲击韧性也比 A3 钢优越。同时,16Mn 钢缺口敏感性大,在有缺口存在时,其疲劳强度比 A3 钢低且易产生裂纹,所以在加工时应引起注意。

# 1.3 梁的稳定理论

## 1.3.1 梁的整体稳定

图 1.1 所示的梁在弯矩作用下上翼缘受压,下翼缘受拉,使梁成为受压构件和受拉构件的组合体。对于受压上翼缘,可沿刚度较小的翼缘板平面外方向屈曲,但腹板和稳定的受拉下翼缘为其提供了此方向连续的抗弯和抗剪约束,使它不可能在此方向上发生屈曲。当翼缘受到由外荷载产生的压力,且达到一定值时,翼缘板只能绕自身的强轴发生平面内的屈曲,对整个梁来说,上翼缘发生了侧向位移,同时带动相连的腹板和下翼缘发生侧向位移并伴有整个截面的扭转,这时称梁发生了整体的弯扭失稳(overall flexural-torsional buckling)或侧向失稳(lateral buckling)。梁中的最大弯矩称为临界弯矩(critical moment),对应的最大弯曲应力称为临界应力。从稳定问题的分类来看,无初始缺陷梁的稳定问题应属第一类稳定问题,当弯矩未达到临界弯矩时,梁在弯矩作用的平面内发生弯曲;当达到临界弯矩时,梁突然发生弯矩作用平面外的位移和扭转。当临界应力低于屈服点时,属于弹性弯扭失稳,可采用弹性稳定理论通过在梁失稳后的位置上建立平衡微分方程的方法求解。

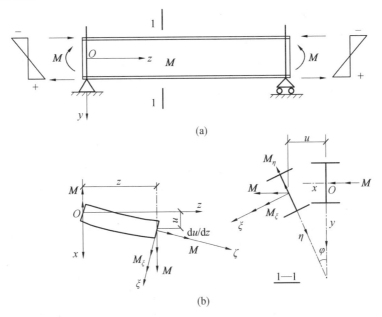

图 1.1 工字形截面简支梁整体弯扭失稳

**1. 双轴对称工字形截面简支梁纯弯作用下的整体稳定**

图 1.1(a) 中的简支梁两端是夹支支座,即在支座处梁不能发生 $x$、$y$ 轴方向的位移,也不能发生绕 $z$ 轴的转动,可发生绕 $x$、$y$ 轴的转动,梁端截面不受约束,可自由发生翘曲。梁端左支座不能发生 $z$ 轴方向的位移,右支座可发生 $z$ 轴方向的位移。

图 1.1(b) 给出了梁失稳后的位置,在梁上任意截取截面 1—1,变形后 1—1 截面沿 $x$、

$y$ 轴的位移分别为 $u$、$v$，截面扭转角为 $\varphi$。根据小变形假设，可认为变形前后作用在 1—1 截面上的弯矩 **M** 矢量的方向不变，变形后可在梁上建立随截面移动的坐标，$\xi$、$\eta$ 轴方向为截面两主轴方向，$\zeta$ 轴方向为构件纵轴切线方向，$z$ 轴与 $\zeta$ 轴间的夹角为 $\mathrm{d}u/\mathrm{d}z$。**M** 在 $\xi$、$\eta$、$\zeta$ 轴上的分量为

$$M_\xi = M\cos\theta\cos\varphi \approx M \tag{1.1}$$

$$M_\eta = M\cos\theta\sin\varphi \approx M\varphi \tag{1.2}$$

$$M_\zeta = M\sin\theta \approx M\frac{\mathrm{d}u}{\mathrm{d}z} = Mu' \tag{1.3}$$

建立绕两主轴的弯曲平衡微分方程为

$$-EI_x u'' = M_\eta \tag{1.4}$$

$$-EI_y v'' = M_\xi \tag{1.5}$$

绕纵轴的扭转平衡微分方程为

$$M_t + M_\omega = GI_t\varphi' - EI_\omega\varphi''' = M_\zeta \tag{1.6}$$

将式(1.1)、式(1.2)、式(1.3)分别代入式(1.4)、式(1.5)、式(1.6)得

$$EI_x v'' + M = 0 \tag{1.7}$$

$$EI_y u'' + M\varphi = 0 \tag{1.8}$$

$$GI_t\varphi' - EI_\omega\varphi''' = Mu' \tag{1.9}$$

以上方程中，式(1.7)是可独立求解的方程，它是在弯矩 **M** 作用平面内的弯曲问题，与梁的扭转无关。式(1.8)、式(1.9)中具有两个未知数值，必须联立求解。将式(1.9)微分一次后，与式(1.8)联立消去 $u''$ 得

$$EI_\omega\varphi^{IV} - GI_t\varphi'' - \frac{M^2}{EI_y}\varphi = 0 \tag{1.10}$$

假设两端简支梁的扭转角符合正弦半波曲线分布，即

$$\varphi = A\sin\frac{\pi z}{l} \tag{1.11}$$

可以证明，式(1.11)满足梁的边界条件。

将式(1.11)代入式(1.10)得

$$\left[EI_\omega\left(\frac{\pi}{l}\right)^4 + GI_t\left(\frac{\pi}{l}\right)^2 - \frac{M^2}{EI_y}\right]A\sin\frac{\pi z}{l} = 0 \tag{1.12}$$

要使式(1.12)对任意 $z$ 值都成立，方括号中的数值必须为零，即

$$EI_\omega\left(\frac{\pi}{l}\right)^4 + GI_t\left(\frac{\pi}{l}\right)^2 - \frac{M^2}{EI_y} = 0 \tag{1.13}$$

式(1.13)的 $M$ 即为双轴对称工字形截面梁整体失稳时的临界弯矩 $M_{cr}$，解得

$$M_{cr} = \pi\sqrt{1 + \frac{EI_\omega}{GI_t}\left(\frac{\pi}{l}\right)^2}\frac{\sqrt{EI_y GI_t}}{l} \tag{1.14}$$

进一步得

$$M_{cr} = k\frac{\sqrt{EI_y GI_t}}{l} \tag{1.15}$$

式中 $k$——梁的弯扭屈曲系数，对于双轴对称工字形截面，$I_\omega = \frac{h^2}{2}I_1 \approx \frac{h^2}{4}I_y$；

$h$——梁的高度。

$$k=\pi\sqrt{1+\frac{EI_\omega}{GI_t}\left(\frac{\pi}{l}\right)^2}=\pi\sqrt{1+\pi^2\frac{EI_y}{GI_t}\left(\frac{h}{2l}\right)^2}=\pi\sqrt{1+\pi^2\psi} \quad (1.16)$$

其中

$$\psi=\frac{EI_y}{GI_t}\left(\frac{h}{2l}\right)^2 \quad (1.17)$$

从 $k$ 的表达式可以看出,其与梁的侧向抗弯刚度、抗扭刚度、夹支跨度 $l$ 及梁高 $h$ 有关。为下面分析讨论方便,将式(1.14)变换成

$$M_{cr}=\frac{\pi^2 EI_y}{l^2}\sqrt{\frac{I_\omega}{I_y}\left(1+\frac{GI_t l^2}{\pi^2 EI_\omega}\right)} \quad (1.18)$$

式中 $\dfrac{\pi^2 EI_y}{l^2}$——将梁看作压杆时绕弱轴 $y$ 的欧拉临界力。

梁的整体稳定还与荷载种类有关。采用弹性稳定理论可以推出在各种荷载条件下梁的临界弯矩表达式,表1.3列出双轴对称工字形截面简支梁的弯扭屈曲系数 $k$。从表1.3可以看出,纯弯作用时 $k$ 值最低,这是因为此时梁上翼缘的压力在全长范围内不变,如果将上翼缘看作轴心压杆,则纯弯显然是最不利荷载;均布荷载作用于形心时稍不利于集中荷载,其弯矩图较为饱满;集中力作用于形心时 $k$ 值最高,此时跨中上翼缘处压力最大,其后按线性折减。

表1.3 双轴对称工字形截面简支梁的弯扭屈曲系数 $k$

| 荷载示意图 | 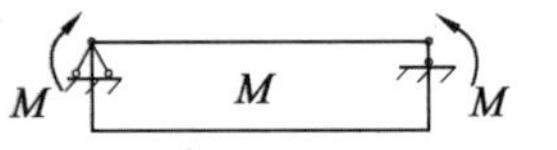 | 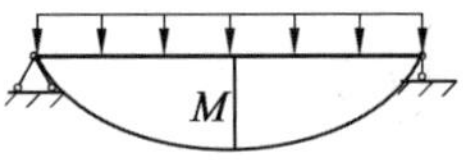 | 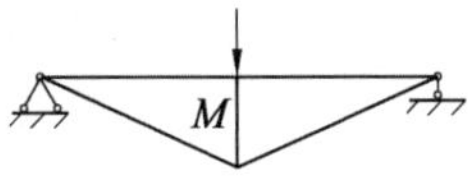 |
| --- | --- | --- | --- |
| 荷载种类 | 纯弯作用 | 均布荷载作用于形心 | 集中力作用于形心 |
| $k$ | $\pi\sqrt{1+\pi^2\psi}$ | $1.13\pi\sqrt{1+10\psi}$ | $1.35\pi\sqrt{1+10.2\psi}$ |

改变梁端和跨中侧向约束相当于改变了梁的侧向夹支长度 $l$,随梁端约束程度的加大和跨中侧向支撑点的设置,将梁的侧向计算长度减小为 $l_1$(图1.2),使梁的临界弯矩显著提高,因此增加梁端和跨中约束也是提高梁临界弯矩的一个有效措施。

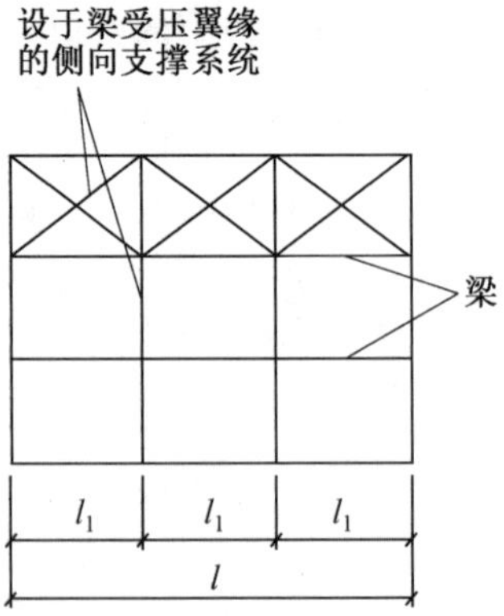

图1.2 梁的侧向支撑系统

**2. 单轴对称工字形截面梁的整体稳定**

将图1.1所示的双轴对称工字形截面换成单轴对称工字形截面(图1.3),边界条件仍为简支和夹支,采用能量法可求出在不同荷载种类和作用位置情况下梁的临界弯矩为

$$M_{cr} = \beta_1 \frac{\pi^2 EI_y}{l^2} \left[ \beta_2 a + \beta_3 B_y + \sqrt{(\beta_2 a + \beta_3 B_y)^2 + \frac{I_\omega}{I_y}\left(1 + \frac{GI_t l^2}{\pi^2 EI_\omega}\right)} \right] \quad (1.19)$$

式中 $\beta_1$、$\beta_2$、$\beta_3$ —— 和荷载类型有关的系数,取值见表1.4;

$a$ —— 荷载作用点至剪力中心(简称剪心)S的距离,荷载在剪心以下时为正,反之为负;

$B_y$ —— 截面不对称修正系数,

$$B_y = \frac{1}{2I_x} \int_A y(x^2 + y^2) \, dA - y_0 \quad (1.20)$$

式中 $y_0$ —— 剪力中心与截面形心的距离,如图1.3所示,在形心以上时为负。

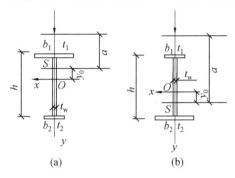

图1.3 单轴对称工字形截面

式(1.19)也适用于双轴对称截面,此时 $B_y = 0$。当 $\beta_1$ 取 1,$\beta_2$ 取 0,$\beta_3$ 取 1 时,式(1.19)变成式(1.18)。从式(1.19)、式(1.20)可以看出,增大受压翼缘截面对梁的整体稳定承载力是有利的。

表1.4 $\beta_1$、$\beta_2$、$\beta_3$ 取值表

| 荷载类型系数 | 跨中集中荷载 | 满跨均匀荷载 | 纯弯曲 |
| --- | --- | --- | --- |
| $\beta_1$ | 1.35 | 1.13 | 1 |
| $\beta_2$ | 0.55 | 0.46 | 0 |
| $\beta_3$ | 0.40 | 0.53 | 1 |

由式(1.19)还可以看出,荷载作用点位置对整体稳定的影响规律。当荷载作用点在剪心以上时,$a$ 为负值,$M_{cr}$ 将降低;当荷载作用点在剪心以下时,$a$ 为正值,$M_{cr}$ 将提高。图1.4给出了当荷载分别作用于上、下翼缘时,双轴对称工字形截面的情况。显然,当荷载作用于上翼缘时,梁一旦扭转,荷载会对剪心 S 产生不利的附加扭矩,促进扭转,加速屈曲;而当荷载作用于下翼缘时,荷载会对剪心 S 产生减缓梁扭转的附加扭矩,延缓屈曲。

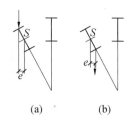

图 1.4 荷载作用位置的影响

**3. 梁的整体稳定实用算法**

(1) 单向受弯梁。

为保证梁不发生整体失稳,梁中最大弯曲压应力不应超过临界弯矩时的临界应力 $\sigma_{cr}$,即

$$\sigma = \frac{M_x}{W_x} \leqslant \sigma_{cr} = \frac{M_{cr}}{W_x} \tag{1.21}$$

考虑材料抗力分项系数时,

$$\sigma \leqslant \frac{\sigma_{cr}}{\gamma_R} = \frac{\sigma_{cr} f_y}{f_y \gamma_R} = \varphi_b f \quad 或 \quad \frac{M_x}{\varphi_b W_x f} \leqslant 1.0 \tag{1.22}$$

式中  $\gamma_R$——材料抗力分项系数;

$\varphi_b$——梁的整体稳定系数,

$$\varphi_b = \frac{\sigma_{cr}}{f_y} = \frac{M_{cr}}{M_y} \tag{1.23}$$

$W_x$——按受压最大纤维确定的梁毛截面模量,在梁失稳的过程中,板件局部稳定可以保证的构件取为全截面模量,截面板件宽厚比等级为 S1~S4 的构件应取全截面模量,板件会发生局部失稳的构件应取有效截面模量。

将式(1.18)代入 $\varphi_b$ 的表达式,并令 $\lambda_y$ 为梁在侧向支撑点间绕 $y$ 轴的长细比,$A$ 为梁的毛截面面积,$t_1$ 为受压翼缘的厚度,得纯弯作用下简支的双轴对称焊接工字形截面梁的整体稳定系数为

$$\varphi_b = \frac{4\,320}{\lambda_y^2} \frac{Ah}{W_x} \sqrt{1 + \left(\frac{\lambda_y t_1}{4.4h}\right)^2} \frac{235}{f_y} \tag{1.24}$$

式(1.24)只适用于纯弯作用。对于其他荷载种类,仍可以通过式(1.15)求得整体稳定系数 $\varphi_b$,通过定义等效临界弯矩系数 $\beta_b = \varphi_b/\varphi_b'$,将式(1.24)乘以 $\beta_b$ 就可以考虑其他荷载种类的作用,其中,$\beta_b$ 可按 GB 50017—2017 的附表选用。

对于单轴对称工字形截面,应引入截面不对称修正系数 $\eta_b$,它和参数 $\alpha_b = I_1/(I_1 + I_2)$ 有关。$I_1$、$I_2$ 分别是受压翼缘和受拉翼缘对 $y$ 轴的惯性矩,表示为

$$I_1 = \frac{1}{12} t_1 b_1^3$$

$$I_2 = \frac{1}{12} t_2 b_2^3$$

加强受压翼缘时,

$$\eta_b = 0.8(2\alpha_b - 1)$$

加强受拉翼缘时,
$$\eta_b = 2\alpha_b - 1$$
双轴对称截面时,
$$\eta_b = 0$$

因此,整体稳定系数表达式为

$$\varphi_b = \beta_b \frac{4\,320}{\lambda_y^2} \left[ \frac{Ah}{W_x} \sqrt{1 + \left(\frac{\lambda_y t_1}{4.4h}\right)^2} + \eta_b \right] \frac{235}{f_y} \tag{1.25}$$

对于轧制普通工字钢,截面几何尺寸有一定的比例关系。因此,可将式(1.25)简化,由型钢号码和侧向支撑点间的距离 $l_1$ 从 GB 50017—2017 的附表中直接查得稳定系数 $\varphi_b$。

对于轧制槽钢,GB 50017—2017 按纯弯情况给出其稳定系数公式(式(1.26)),偏于安全地用于各种荷载、各种荷载位置情况下的计算。

$$\varphi_b = \frac{570bt}{l_1 h} \cdot \frac{235}{f_y} \tag{1.26}$$

式中  $h$、$b$、$t$——槽钢截面的高度、翼缘宽度及其平均厚度。

上述整体稳定系数是按弹性稳定理论求得的,如果考虑残余应力的影响,则当 $\varphi_b >0.6$ 时,梁已进入弹塑性阶段。GB 50017—2017 规定此时必须按式(1.27)对 $\varphi_b$ 进行修正,用 $\varphi_b'$ 代替 $\varphi_b$,以考虑钢材弹塑性对整体稳定的影响。

$$\varphi_b' = 1.07 - \frac{0.282}{\varphi_b} \leqslant 1.0 \tag{1.27}$$

(2) 双向受弯梁。

对于在两个主平面内受弯的 H 型钢截面构件或工字形截面构件,其整体稳定可按下列经验公式计算:

$$\frac{M_x}{\varphi_b W_x} + \frac{M_y}{\gamma_y W_y} \leqslant f \tag{1.28}$$

式中  $W_x$、$W_y$——按受压纤维确定的对 $x$ 轴和 $y$ 轴的毛截面模量;
  $\varphi_b$——绕强轴弯曲所确定的梁整体稳定系数。

**4. 影响梁整体稳定的因素及增强梁整体稳定的措施**

(1) 影响梁整体稳定的因素。

从上面分析可以看出,截面的侧向抗弯刚度 $EI_y$、抗扭刚度 $GI_t$ 和翘曲刚度 $EI_\omega$ 越大,临界弯矩越高;梁两端的支撑条件对临界弯矩也有不可忽视的影响,约束程度越高,临界弯矩越高;构件侧向支撑点间的距离 $l_1$ 越小,临界弯矩越大;梁的整体失稳是由受压翼缘侧向失稳引起的,由于受压翼缘截面宽大,因此其临界弯矩较高。此外,荷载的种类和作用位置对临界弯矩也有不可忽视的影响,弯矩图饱满的构件,临界弯矩低些;荷载作用的位置越高,对梁的整体稳定越不利。

(2) 增强梁整体稳定的措施。

从影响梁整体稳定的因素来看,可以采用以下方法增强梁的整体稳定性。

① 增大梁截面尺寸,其中,增大受压翼缘的宽度是最为有效的。
② 增加侧向支撑系统,减小构件侧向支撑点间的距离 $l_1$,侧向支撑应设在受压翼缘

处,将受压翼缘视为轴心压杆计算支撑所受的力。

③ 当梁跨内无法增设侧向支撑时,宜采用闭合箱形截面,因其 $I_y$、$I_t$ 和 $I_\omega$ 均较开口截面大。

④ 增加梁两端的约束,提高其稳定承载力。在式(1.14)、式(1.19)中假定支座是夹支支座。因此在实际设计中,梁的支座处应采取构造措施,以防止梁端截面的扭转。当简支梁仅腹板与相邻构件相连,钢梁稳定性计算时,侧向支撑点距离应取实际距离的1.2倍。

### 1.3.2 梁的局部稳定

由于钢材的轻质高强,因此钢构件的承载力往往由整体稳定承载力控制着。为合理有效地使用钢材,钢结构构件截面一般设计得比较开展,板件尽可能宽而薄,但过薄的板可能导致在整体失稳或强度破坏前,腹板或受压翼缘出现波形鼓曲,即出现局部失稳。在钢梁设计中,可以采用下面两种方法处理局部失稳问题。

(1)对普通钢梁构件,按 GB 50017—2017 设计,可通过设置加劲肋、限制板件宽厚比的方法,保证板件不发生局部失稳。对于非承受疲劳荷载的梁,可利用腹板的屈曲后强度。

(2)对冷弯薄壁型钢构件,当超过板件宽厚比限制时,只考虑一部分宽度有效,采用有效宽度的概念按 GB 50018—2002《冷弯薄壁型钢结构技术规范》计算。

对于型钢梁,其板件宽厚比较小,都能满足局部稳定要求,不需要计算。此处仅对第一种方法中设置加劲肋、限制板件宽厚比的方法进行简单介绍。

**1. 梁受压翼缘板的局部稳定**

如图 1.5、图 1.6 所示,当面内荷载达到一定值时,板会由平板状态变为微微弯曲状态,这时称板发生了屈曲。根据弹性力学小挠度理论,得到薄板的屈曲平衡方程为

$$D\left(\frac{\partial^4 w}{\partial x^4} + 2\frac{\partial^4 w}{\partial x^2 \partial y^2} + \frac{\partial^4 w}{\partial y^4}\right) + N_x \frac{\partial^2 w}{\partial x^2} - 2N_{xy}\frac{\partial^2 w}{\partial x \partial y} + N_y \frac{\partial^2 w}{\partial y^2} = 0 \quad (1.29)$$

式中 $w$—— 板的挠度;

$N_x$、$N_y$—— 板中面沿 $x$、$y$ 轴方向单位宽度上所承受的力,压力为正,拉力为负,此力沿板厚均匀分布;

$N_{xy}$—— 单位宽度上沿板周边方向所承受的剪力,图 1.5 中所示剪力为正;

$D$—— 板单位宽度的抗弯刚度,也称柱面刚度,$D = \dfrac{Et^3}{12(1-\nu^2)}$;

$t$—— 板厚;

$\nu$—— 钢材泊松比,取 0.3。

对于图 1.6 所示四边简支板,单向面内荷载 $N_x$ 作用在板的中面,对于此种情况,式(1.29)变为

$$D\left(\frac{\partial^4 w}{\partial x^4} + 2\frac{\partial^4 w}{\partial x^2 \partial y^2} + \frac{\partial^4 w}{\partial y^4}\right) + N_x \frac{\partial^2 w}{\partial x^2} = 0 \quad (1.30)$$

对于简支矩形板,式(1.30)的解可用下式(双重三角级数)表示:

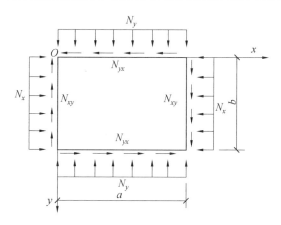

图 1.5　$N_x$、$N_y$、$N_{xy}$ 作用下的板

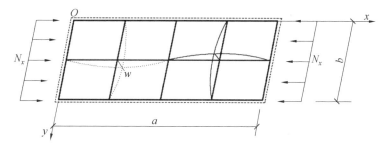

图 1.6　单向面内荷载作用下的四边简支板

$$w=\sum_{m=1}^{\infty}\sum_{n=1}^{\infty}A_{mn}\sin\frac{m\pi x}{a}\sin\frac{n\pi y}{b} \quad (1.31)$$

式中　$m$——板屈曲时沿 $x$ 轴方向的半波数；

　　　$n$——板屈曲时沿 $y$ 轴方向的半波数。

式(1.31)满足板的边界条件：

当 $x=0$ 和 $x=a$ 时，$w=0$，$\dfrac{\partial^2 w}{\partial x^2}+\nu\dfrac{\partial^2 w}{\partial y^2}=0$（即 $M_x=0$）；

当 $y=0$ 和 $y=b$ 时，$w=0$，$\dfrac{\partial^2 w}{\partial y^2}+\nu\dfrac{\partial^2 w}{\partial x^2}=0$（即 $M_y=0$）。

将式(1.31)代入式(1.30)得到的 $N_x$，即为单向均匀受压荷载下四边简支板的临界屈曲荷载 $N_{xcr}$：

$$N_{xcr}=\frac{\pi^2 D}{b^2}\left(\frac{mb}{a}+\frac{n^2 a}{mb}\right)^2 \quad (1.32)$$

下面讨论当 $m$、$n$ 取何值时，$N_{xcr}$ 最小，这不仅可以获得板的临界屈曲荷载，同时还可得出板挠曲屈曲时的形状。

从式(1.32)可以看出，当 $n=1$ 时，$N_{xcr}$ 最小，意味着板屈曲时沿 $y$ 轴方向只形成一个半波，将式(1.32)表示为

$$N_{xcr}=k\frac{\pi^2 D}{b^2} \quad (1.33)$$

式中 $k$—— 板的屈曲系数，$k=\left(\dfrac{mb}{a}+\dfrac{a}{mb}\right)^2$。

当 $m$ 取 $1,2,3,4,\cdots$ 时，将 $k$ 和 $a/b$ 的关系画成曲线，如图 1.7 所示，图中这些曲线构成的下界线是 $k$ 的取值。当边长比 $a/b>1$ 时，板将挠曲成几个半波，而 $k$ 基本为常数；只有 $a/b<1$ 时，才可能使临界力大大提高。因此，当 $a/b\geqslant 1$ 时，对任何 $m$ 和 $a/b$，均可取 $k=4$，即

$$N_{x\mathrm{cr}}=4\,\dfrac{\pi^2 D}{b^2} \tag{1.34}$$

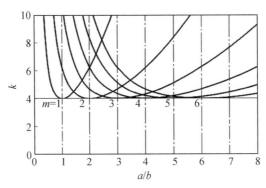

图 1.7 $k$ 和 $a/b$ 的关系

对其他边界条件和面内荷载情况，矩形板的屈曲临界荷载都可写成式（1.33）的形式，只是 $k$ 的取值有变化而已。对于其他边界条件和面内荷载情况下 $k$ 的推导，本书不做详细介绍。为了以后使用方便，将 $D$ 的表达式代入式（1.33）后除以 $t$ 得临界应力 $\sigma_{\mathrm{cr}}$，即

$$\sigma_{\mathrm{cr}}=\dfrac{k\pi^2 E}{12(1-\nu^2)}\left(\dfrac{t}{b}\right)^2 \tag{1.35}$$

式中 $k$—— 板的屈曲系数，与荷载种类、分布状态、板的边长比例和边界条件有关。

因而，式（1.35）不仅适用于四边简支板，也适用于一边自由其他三边简支的板。

考虑到钢梁受力时，并不是组成梁的所有板件同时屈曲，板件之间存在相互约束作用，可在式（1.35）中引入约束系数 $\chi$，可得

$$\sigma_{\mathrm{cr}}=\dfrac{\chi k\pi^2 E}{12(1-\nu^2)}\left(\dfrac{t}{b}\right)^2 \tag{1.36}$$

取 $E=2.06\times 10^5\ \mathrm{N/mm^2}$，$\nu=0.3$ 代入式（1.36），得

$$\sigma_{\mathrm{cr}}=\dfrac{N_{\mathrm{cr}}}{t}=18.6k\chi\left(\dfrac{t}{b}\right)^2\times 10^4 \tag{1.37}$$

梁的受压翼缘主要承受弯矩产生的均匀压应力，对于箱形截面翼缘中间部分，属四边简支板，为充分发挥材料的强度，翼缘的临界应力应不低于钢材屈服点。同时，考虑到梁翼缘发展塑性，引入塑性系数 $\eta$，由式（1.37）有

$$\sigma_{\mathrm{cr}}=18.6k\sqrt{\eta}\,\chi\left(\dfrac{t}{b}\right)^2\times 10^4\geqslant f_y \tag{1.38}$$

式中 $\eta$—— 塑性系数，$\eta=E_\mathrm{t}/E$；

$E_\mathrm{t}$—— 钢材切线模量。

由于腹板比较薄,对翼缘没有什么约束作用,故取$\chi=1.0$,宽为$b_0$的翼缘相当于四边简支板。对于两对边均匀受压的四边简支板,$k=4.0$,如取$\eta=0.25$,并令$\sigma_{cr}=f_y$,则可得翼缘达强度极限承载力时,不会失去局部稳定的宽厚比限值为

$$\frac{b_0}{t} \leqslant 40\sqrt{\frac{235}{f_y}} \tag{1.39}$$

对工字形、T形截面的翼缘及箱形截面悬伸部分的翼缘(图1.8),属于一边自由其余三边简支的板,其$k$值为

$$k = 0.425 + \left(\frac{b}{a}\right)^2 \tag{1.40}$$

式中　　$a$——纵边长度;

$b$——翼缘板悬伸部分的长度,对焊接构件,取腹板边至翼缘板边缘的距离,对轧制构件,取内圆弧起点至翼缘板边缘的距离。

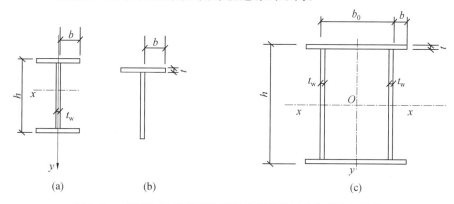

图1.8　工字形、T形截面的翼缘及箱形截面悬伸部分的翼缘

一般$a$大于$b$,按最不利情况($a/b=\infty$)考虑,$k_{\min}=0.425$,取$\chi=1.0$、$\eta=0.25$代入式(1.38)得不失去局部稳定的宽厚比限值为

$$\frac{b_0}{t} \leqslant 13\sqrt{\frac{235}{f_y}} \tag{1.41}$$

如梁按弹性设计时,则可放宽至

$$\frac{b_0}{t} \leqslant 15\sqrt{\frac{235}{f_y}} \tag{1.42}$$

**2.梁腹板的局部稳定**

图1.9所示为梁腹板横向加劲肋之间的一段,属四边支撑的矩形板,四边受均布剪力作用,处于纯剪状态。板中主应力与剪力大小相等,并与它成$45°$角,主压应力可引起板的屈曲,屈曲时呈现出大约沿$45°$方向倾斜的鼓曲,与主压应力方向垂直。如不考虑发展塑性,可将式(1.37)改写为

$$\tau_{cr} = 18.6 k \chi \left(\frac{t_w}{b}\right)^2 \times 10^4 \tag{1.43}$$

式中　　$b$——板的边长$a$与$h_0$中取较小者;

$h_0$——腹板高度;

$t_w$——腹板厚度。

考虑翼缘对腹板的约束作用，$\chi$ 取 1.23。屈曲系数 $k$ 与板的边长比有关。

当 $a/h_0 \leqslant 1$（$a$ 为短边）时，

$$k = 4 + \frac{5.34}{(a/h_0)^2} \tag{1.44}$$

当 $a/h_0 \geqslant 1$（$a$ 为短边）时，

$$k = 5.34 + \frac{4}{(a/h_0)^2} \tag{1.45}$$

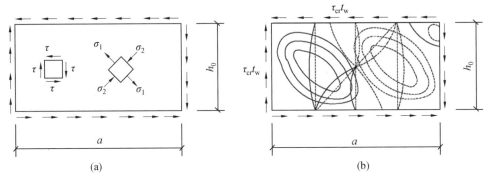

图 1.9 腹板纯剪屈曲

图 1.10 所示为 $k$ 与 $a/h_0$ 的关系，从图中可见，临界剪应力随 $a$ 的减小而提高，增加 $t_w$，临界剪应力也提高，但这样做并不经济。一般采用在腹板上设置横向加劲肋以减少 $a$ 的方法来提高临界剪应力，如图 1.11 所示。剪应力在梁支座处最大，向着跨中逐渐减少，故横向加劲肋也可不等距布置，靠近支座处密些。但为制作和构造方便，常取等距布置。如图 1.10 所示，当 $a/h_0 > 2$ 时，$k$ 值变化不大，即横向加劲肋的作用不大。因此，GB 50017—2017《钢结构设计标准》规定横向加劲肋最大间距为 $2h_0$（对无局部压应力的梁，当 $h_0/t_w \leqslant 100$ 时，可放宽至 $2.5h_0$）。

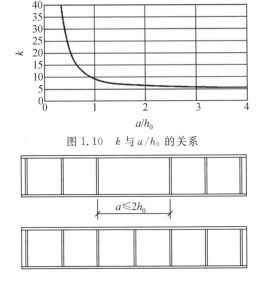

图 1.10 $k$ 与 $a/h_0$ 的关系

图 1.11 横向加劲肋的布置

令腹板受剪时的通用高厚比或称正则化高厚比为

$$\lambda_{n,s} = \sqrt{f_{vy}/\tau_{cr}} \tag{1.46}$$

式中 $f_{vy}$——钢材的剪切屈服强度，$f_{vy} = f_y/\sqrt{3}$。

将式(1.43)代入式(1.46)，并令 $b = h_0$，可得用于腹板受剪计算时的正则化高厚比为

$$\lambda_{n,s} = \frac{h_0/t_w}{41\sqrt{k}}\sqrt{\frac{f_y}{235}} \tag{1.47}$$

为和框架梁统一，将41改为$37\eta$，对于简支梁，$\eta$取1.11；对框架梁梁端最大应力区，$\eta$取1。将式(1.44)和式(1.45)代入式(1.47)。

当 $a/h_0 \leqslant 1$ 时，

$$\lambda_{n,s} = \frac{h_0/t_w}{37\eta\sqrt{4+5.34\,(h_0/a)^2}}\sqrt{\frac{f_y}{235}} \tag{1.48}$$

当 $a/h_0 > 1$ 时，

$$\lambda_{n,s} = \frac{h_0/t_w}{37\eta\sqrt{5.34+4\,(h_0/a)^2}}\sqrt{\frac{f_y}{235}} \tag{1.49}$$

在弹性阶段，梁腹板的临界剪应力可表示为

$$\lambda_{n,s} = \frac{h_0/t_w}{41\sqrt{k}}\sqrt{\frac{f_y}{235}} \tag{1.50}$$

已知钢材的剪切比例极限等于 $0.8f_{vy}$，再考虑0.9的几何缺陷影响系数，令 $\tau_{cr} = 0.8 \times 0.9f_{vy}$ 代入式(1.50)可得到满足弹性失稳的正则化高厚比界限为 $\lambda_{n,s} > 1.2$。当 $\lambda_{n,s} \leqslant 0.8$ 时，GB 50017—2017《钢结构设计标准》认为临界剪应力会进入塑性；当 $0.8 < \lambda_{n,s} \leqslant 1.2$ 时，$\tau_{cr}$ 处于弹塑性状态。因此，GB 50017—2017《钢结构设计标准》规定 $\tau_{cr}$ 按下列公式计算(图1.12)。

当 $\lambda_{n,s} \leqslant 0.8$ 时，

$$\tau_{cr} = f_v \tag{1.51}$$

当 $0.8 < \lambda_{n,s} \leqslant 1.2$ 时，

$$\tau_{cr} = [1 - 0.59(\lambda_{n,s} - 0.8)]f_v \tag{1.52}$$

当 $\lambda_{n,s} > 1.2$ 时，

$$\tau_{cr} = 1.1f_v/\lambda_{n,s}^2 \tag{1.53}$$

当腹板不设横向加劲肋时，$a/h \to \infty$，$k = 5.34$，若要求 $\tau_{cr} = f_v$，则 $\lambda_{n,s}$ 应不大于0.8，代入式(1.47)得 $h_0/t_w = 75.8\sqrt{\frac{235}{f_v}}$。考虑到梁腹板中的平均剪应力一般低于 $f_v$，故 GB 50017—2017《钢结构设计标准》规定仅受剪应力作用的腹板，其不会发生剪切失稳的高厚比限值为

$$h_0/t_w = 80\sqrt{\frac{235}{f_y}} \tag{1.54}$$

**3. 加劲肋设置原则**

经过以上分析，对直接承受动力荷载的吊车梁及类似构件，或其他不考虑屈曲后强度

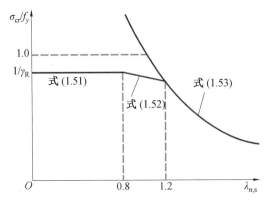

图 1.12 临界剪应力公式适用范围

的组合梁,应按以下原则布置腹板加劲肋。

(1) 当 $h_0/t_w \leqslant 80\sqrt{\dfrac{235}{f_y}}$ 时,对有局部压应力的梁,宜按构造配置横向加劲肋,如吊车梁及类似构件;当局部压应力较小时,可不配置加劲肋。

(2) 当 $h_0/t_w > 80\sqrt{\dfrac{235}{f_y}}$ 时,对直接承受动力荷载的吊车梁及类似构件,应配置横向加劲肋;不考虑屈曲后强度的组合梁,宜配置横向加劲肋。

(3) 当 $h_0/t_w > 170\sqrt{\dfrac{235}{f_y}}$(受压翼缘扭转受到约束,如连有刚性铺板或焊有铁轨)或 $h_0/t_w > 150\sqrt{\dfrac{235}{f_y}}$(受压翼缘扭转未受到约束)时,或按计算需要时,除配置横向加劲肋外,还应在弯矩较大的受压区配置纵向加劲肋。对于局部压应力很大的梁,必要时应在受压区配置短加劲肋,任何情况下(包括考虑腹板屈曲后强度的设计),$h_0/t_w$ 均不宜超过 $250\sqrt{\dfrac{235}{f_y}}$,以免高厚比过大时产生焊接翘曲变形。$h_0$ 为腹板的计算高度,对单轴对称梁,$h_0$ 应取为腹板受压区高度 $h_c$ 的 2 倍。

(4) 梁的支座处和上翼缘受较大固定集中荷载处,宜设置支撑加劲肋。

## 1.4 柱的稳定理论

### 1.4.1 轴心受压柱的整体稳定

无缺陷的轴心受压构件,当轴心压力 $N$ 较小时,构件只产生轴向压缩变形,保持直线平衡状态。此时,如有干扰力使构件产生微小弯曲,则当干扰力移去后,构件将恢复到原来的直线平衡状态,这种直线平衡状态下,构件的外力和内力间的平衡是稳定的。当轴心压力 $N$ 逐渐增加到一定大小,如有干扰力使构件发生微弯,但当干扰力移去后,构件仍保持微弯状态而不能恢复到原来的直线平衡状态,这种从直线平衡状态过渡到微弯曲平衡状态的现象称为平衡状态的分支,此时构件的外力和内力间的平衡是随遇的,称为随遇平衡或中性平衡。如轴心压力 $N$ 再稍微增加,则弯曲变形迅速增大,而使构件丧失承载力,这种现象称为构件的弯曲屈曲或弯曲失稳(图 1.13(a))。中性平衡是从稳定平衡过渡到不稳定平衡的临界状态,中性平衡时的轴心压力称为临界力 $N_{cr}$,相应的截面应力称为临界应力 $\sigma_{cr}$,$\sigma_{cr}$ 常低于钢材屈服强度 $f_y$,即构件在到达强度极限状态前就会丧失整体稳定。无缺陷的轴心受压构件发生弯曲屈曲时,构件的变形发生了性质上的变化,即构件由直线形式变为弯曲形式,且这种变化带有突然性。结构丧失稳定时,平衡形式发生改变,称为丧失第一类稳定性或称为平衡分岔失稳。除丧失第一类稳定性外,还有第二类稳定性问题,丧失第二类稳定性的特征是结构丧失稳定时,其弯曲平衡形式不发生改变,只是由于结构原来的弯曲变形增大将不能正常工作,丧失第二类稳定性也称为极值点失稳。

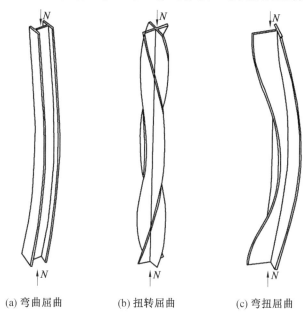

(a) 弯曲屈曲　　(b) 扭转屈曲　　(c) 弯扭屈曲

图 1.13　两端铰接轴心受压构件的屈曲状态

对某些抗扭刚度较差的轴心受压构件(如十字形截面),当轴心压力 $N$ 达到临界值时,稳定平衡状态不再保持而发生微扭转。若 $N$ 再稍微增加,则扭转变形迅速增大,使构件丧失承载力,这种现象称为扭转屈曲或扭转失稳(图 1.13(b))。

截面为单轴对称(如 T 形截面)的轴心受压构件绕对称轴失稳时,由于截面形心与截面剪切中心(或称扭转中心与弯曲中心,即构件弯曲时截面剪应力合力作用点通过的位置)不重合,在发生弯曲变形的同时必然伴随有扭转变形,故称为弯扭屈曲或弯扭失稳(图 1.13(c))。同理,截面没有对称轴的轴心受压构件,其屈曲形态也属于弯扭屈曲。

钢结构中,常用截面的轴心受压构件由于其板件较厚,构件的抗扭刚度也相对较大,因此,失稳时主要发生弯曲屈曲;单轴对称截面的构件绕对称轴弯扭屈曲时,当采用考虑扭转效应的换算长细比后,也可按弯曲屈曲计算。因此,弯曲屈曲是确定轴心受压构件稳定承载力的主要依据,本书将主要讨论弯曲屈曲问题。

**1. 无缺陷轴心受压柱的屈曲**

图 1.14 所示为两端铰接的理想等截面构件,当轴心压力 $N$ 达到临界值时,处于屈曲

的微弯状态。在弹性微弯状态下,由内外力矩平衡条件,可建立平衡微分方程,求解后可得到著名的欧拉临界力(Euler's critical force)公式为

$$N_{cr} = \frac{\pi^2 EI}{(\mu l)^2} = \frac{\pi^2 EI}{l_0^2} = \frac{\pi^2 EA}{\lambda^2} \tag{1.55}$$

式中    $l_0$——构件的计算长度或有效长度(effective length),$l_0 = \mu l$;

       $l$——构件的几何长度;

       $\mu$——构件的计算长度系数。

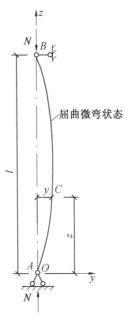

图 1.14   轴心受压构件的弯曲屈曲

相应欧拉临界应力为

$$\sigma_E = \sigma_{cr} = \frac{N_{cr}}{A} = \frac{\pi^2 E}{\lambda^2} \tag{1.56}$$

构件的几种典型支撑情况及相应的 $\mu$ 值列于表 1.5 中,考虑到理想条件难以完全实现,因此表中给出了用于实际设计的建议值。对于两端铰接的构件,$\mu = 1$,即几何长度与计算长度相等。计算长度 $l_0$ 的几何意义是构件弯曲屈曲时变形曲线反弯点间的距离。$\lambda = l_0/i$ 为构件的有效长细比,$i = \sqrt{I/A}$ 为截面的回转半径(radius of gyration),$A$ 为构件的毛截面面积,$I$ 为截面惯性矩,$E$ 为弹性模量。

在欧拉临界力公式的推导中,假定材料无限弹性、符合胡克(Hooker)定律(弹性模量 $E$ 为常量),因此当截面应力超过钢材的比例极限 $f_p$ 后,欧拉临界力公式不再适用,式(1.56)需满足

$$\sigma_{cr} = \frac{\pi^2 E}{\lambda^2} \leqslant f_p \tag{1.57}$$

或

$$\lambda \geqslant \lambda_p = \pi \sqrt{\frac{E}{f_p}} \tag{1.58}$$

表1.5 轴心受压构件的临界力和计算长度系数 $\mu$

| 两端支撑情况 | 两端铰接 | 上端自由，下端固定 | 上端铰接，下端固定 | 两端固定 | 上端可移动但不转动，下端固定 | 上端可移动但不转动，下端铰接 |
|---|---|---|---|---|---|---|
| 屈曲形状 | | | | | | |
| 计算长度 $l_0$ ($l_0 = \mu l$，$\mu$ 为理论值) | $1.0l$ | $2.0l$ | $0.7l$ | $0.5l$ | $1.0l$ | $2.0l$ |
| $\mu$ 的设计建议值 | 1 | 2 | 0.8 | 0.65 | 1.2 | 2 |

对于长细比较大的轴心受压构件，才能满足式(1.57)的要求；对于长细比较小的轴心受压构件，截面应力在屈曲前已超过钢材的比例极限，构件处于弹塑性阶段，应按弹塑性屈曲计算其临界力。

从欧拉公式可以看出，轴心受压构件弯曲屈曲临界力随抗弯刚度的增加和构件长度的减小而增大。换句话说，构件的弯曲屈曲临界应力随构件的长细比减小而增大，与材料的抗压强度无关，因此，长细比较大的轴心受压构件采用高强度钢材并不能提高其稳定承载力。

1889年，恩格塞尔用应力—应变曲线的切线模量(tangent modulus)$E_t = \mathrm{d}\sigma/\mathrm{d}\varepsilon$ 代替欧拉公式中的弹性模量 $E$，将欧拉公式推广应用于非弹性范围，即

$$N_{cr} = \frac{\pi^2 E_t I}{l_0^2} = \frac{\pi^2 E_t A}{\lambda^2} \tag{1.59}$$

相应的切线模量临界应力为

$$\sigma_{cr} = \frac{\pi^2 E_t}{\lambda^2} \tag{1.60}$$

从形式上看，切线模量临界应力公式和欧拉临界应力公式仅 $E_t$ 与 $E$ 不同，但在使用上却有很大的区别。采用欧拉临界应力公式可直接由长细比 $\lambda$ 求得临界应力 $\sigma_{cr}$，但切线模量临界应力公式则不能，因为切线模量 $E_t$ 与临界应力 $\sigma_{cr}$ 互为函数。可通过短柱试验先测得钢材的平均 $\sigma-\varepsilon$ 关系曲线(图1.15(a))，从而得到钢材的 $\sigma-E_t$ 关系式或关系曲线(图1.15(b))。对 $\sigma-E_t$ 关系已知的轴心受压构件，可先给定 $\sigma_{cr}$，再从试验所得的 $\sigma-E_t$ 关系曲线得出相应的 $E_t$，然后由切线模量临界应力公式(1.60)求出长细比 $\lambda$。由此所得到的弹塑性屈曲阶段的临界应力 $\sigma_{cr}$ 随长细比 $\lambda$ 的变化曲线如图1.15(c)中的 AB 段所

示。当然,也可以将试验所得的 $\sigma - E_t$ 关系与式(1.60)联立求解得到 $\sigma_{cr} - E_t$ 关系曲线。临界应力 $\sigma_{cr}$ 与长细比 $\lambda$ 的关系曲线可作为轴心受压构件设计的依据,称为柱子曲线。

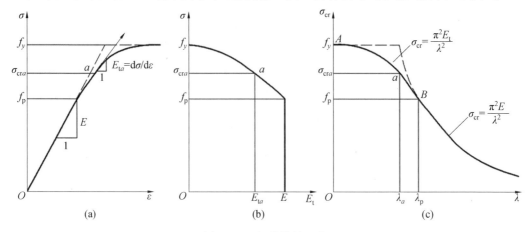

图 1.15 切线模量理论

关于经典的轴心受压构件非弹性(弹塑性)屈曲的理论,最早是恩格塞尔于 1889 年提出的切线模量理论。继而于 1895 年,恩格塞尔吸取了雅幸斯基的建议,考虑到在弹塑性屈曲产生微弯时,构件凸面出现弹性卸载(应采用弹性模量 $E$),从而提出与 $E$ 和 $E_t$ 有关的双模量理论,也称为折算模量理论。1910 年,卡门也独立导出了双模量理论,并给出矩形和工字形截面的双模量公式,其在之后几十年得到广泛的认可和应用。后来发现,双模量理论计算结果比试验值偏高,而切线模量理论计算结果却与试验值更为接近。1947 年,香莱用模型解释了这个现象,指出切线模量应力是轴心受压构件弹塑性屈曲应力的下限,双模量应力是其上限,切线模量应力更接近实际的弹塑性屈曲应力,因此,切线模量理论更有实用价值。

**2. 力学缺陷对轴心受压柱弯曲屈曲的影响**

残余应力、初弯曲和初偏心都会一定程度地造成轴心受压柱承载力的降低,本书将主要介绍初弯曲和初偏心的影响,残余应力对构件稳定承载力的影响可以查阅钢结构稳定相关书籍。

实际轴心受压构件在制造、运输和安装过程中,不可避免地会产生微小的初弯曲。又由于构造、施工和加载等方面的原因,可能产生一定程度的偶然初偏心,初弯曲和初偏心统称为几何缺陷。有几何缺陷的轴心受压构件,其侧向挠度从加载开始就会不断增加,因此构件除轴心力作用外,还存在因构件弯曲产生的弯矩,从而降低了构件的稳定承载力。

(1) 构件初弯曲(初挠度)的影响。

如图 1.16 所示,两端铰接、有初弯曲的构件在未受力前就呈弯曲状态,其中,$y_0$ 和 $y$ 分别为任意点 $C$ 的初挠度和增加的挠度。当构件承受轴心压力 $N$ 时,挠度将增长为 $y_0 + y$,并同时存在附加弯矩 $N(y_0 + y)$,附加弯矩又使挠度进一步增加。

假设初弯曲形状为半波正弦曲线 $y_0 = v_0 \sin \pi z/l$($v_0$ 为构件中央初挠度),在弹性弯曲状态下,由内外力矩平衡条件,可建立平衡微分方程,求解后可得到挠度 $y$ 和总挠度 $Y$ 的曲线分别为

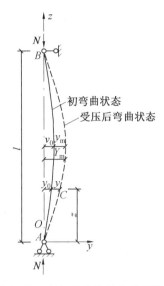

图 1.16 有初弯曲的轴心受压构件

$$y = \frac{\alpha}{1-\alpha} v_0 \sin \frac{\pi z}{l} \tag{1.61}$$

$$Y = y_0 + y = \frac{v_0}{1-\alpha} \sin \frac{\pi z}{l} \tag{1.62}$$

中点挠度和中点总挠度为

$$y_m = y_{(z=l/2)} = \frac{\alpha}{1-\alpha} v_0 \tag{1.63}$$

$$Y_m = Y_{(z=l/2)} = \frac{v_0}{1-\alpha} \tag{1.64}$$

中点的弯矩为

$$M_m = N Y_m = \frac{N v_0}{1-\alpha} \tag{1.65}$$

式中　　$\alpha = N/N_E$；

$N_E$——欧拉临界力，$N_E = \pi^2 EI/l^2$；

$1/(1-\alpha)$——初挠度放大系数或弯矩放大系数。

有初弯曲的轴心受压构件的荷载－总挠度曲线如图 1.17 所示。从图 1.17 和式 (1.61)、式(1.62)可以看出，从开始加载起，构件即产生挠曲变形，挠度 $y$ 和总挠度 $Y$ 与初挠度 $v_0$ 成正比。当 $v_0$ 一定时，挠度和总挠度随 $N$ 的增加而加速增大。有初弯曲的轴心受压构件，其承载力总是低于欧拉临界力，只有当挠度趋于无穷大时，压力 $N$ 才可能接近或达到 $N_E$。

式(1.61)和式(1.62)是在材料为无限弹性条件下推导出来的。理论上，轴心受压构件的承载力可达到欧拉临界力，挠度和弯矩可以无限增大。但实际上这是不可能的，因为钢材不是无限弹性的，在轴力 $N$ 和弯矩 $M_m$ 的共同作用下，构件中点截面纤维压应力会达到屈服点 $f_y$。为了分析方便，假设钢材为完全弹塑性材料。当挠度发展到一定程度时，构件中点截面最大受压边缘纤维的应力应满足

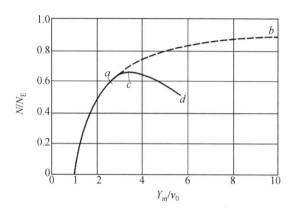

图 1.17 有初弯曲的轴心受压构件的荷载－总挠度曲线

$$\sigma_{\max}=\frac{N}{A}+\frac{M_{\mathrm{m}}}{W}=\frac{N}{A}\left(1+\frac{u_0}{W/A}\,\frac{1}{1-N/N_{\mathrm{E}}}\right)=f_y \tag{1.66}$$

令 $W/A=\rho$（截面核心距），$u_0/\rho=\varepsilon_0$ 为相对初弯曲或初弯曲率，则由式(1.66)可解得

$$\sigma_0=\frac{f_y+(1+\varepsilon_0)\sigma_{\mathrm{E}}}{2}-\sqrt{\left[\frac{f_y+(1+\varepsilon_0)\sigma_{\mathrm{E}}}{2}\right]^2-f_y\sigma_{\mathrm{E}}} \tag{1.67}$$

式(1.67)称为佩利公式。根据式(1.67)求出的 $N=A\sigma_0$ 相当于图 1.17 中的 $a$ 点，它表示截面边缘纤维开始屈服时的荷载。随着 $N$ 的继续增加，截面的一部分进入塑性状态，挠度不再像完全弹性那样沿 $ab$ 发展，而是增加更快且不再继续承受更多的荷载；到达曲线 $c$ 点时，截面塑性变形区发展得相当深，再增加 $N$ 已不可能，要维持平衡必须随挠度的增大而卸载，故曲线表现出下降段 $cd$。与 $c$ 点对应的极限荷载 $N_c$ 为有初弯曲构件整体稳定极限承载力，又称为压溃荷载。这里丧失稳定承载力不像理想直杆的平衡分岔失稳，而是极值点失稳，属于第二类稳定问题。

求解极限荷载 $N_c$ 比较复杂，一般采用数值法。在没有计算机的年代，作为近似计算常取边缘纤维开始屈服时的曲线 $a$ 点代替 $c$ 点。佩利公式是由构件截面边缘屈服准则导出的，求得的 $N$ 或 $\sigma_0$ 代表边缘受压纤维达到屈服时的最大荷载或最大应力，而不代表稳定极限承载力，因此所得结果偏保守，有些情况比实际屈曲荷载低得多。实际上，这是用应力问题代替了稳定问题。

施工规范规定的初弯曲最大允许值是 $v_0=l/1\,000$，则初弯曲率为

$$\varepsilon_0=\frac{l}{1\,000}\frac{A}{W}=\frac{\lambda}{1\,000}\frac{i}{\rho} \tag{1.68}$$

对不同的截面及其对应轴，$i/\rho$ 各不相同，因此可由佩利公式确定各种截面的柱子曲线，切线模量理论如图 1.18 所示。

（2）构件初偏心的影响。

图 1.19 表示两端铰接、有初偏心 $e_0$ 的轴心受压构件。在弹性弯曲状态下，由内外力矩平衡条件，可建立平衡微分方程，求解后可得到挠度曲线为

$$y=e_0\left(\tan\frac{kl}{2}\sin kz+\cos kz-1\right) \tag{1.69}$$

其中

$$k^2 = N/EI$$

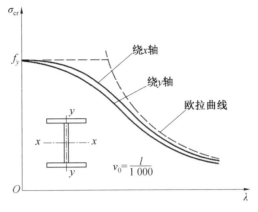

图 1.18 切线模量理论

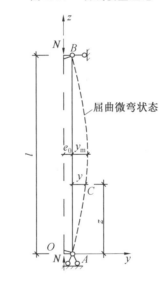

图 1.19 有初偏心的轴心受压构件

中点挠度为

$$y_m = y_{(z=l/2)} = e_0 \left( \sec \frac{\pi}{2} \sqrt{\frac{N}{N_E}} - 1 \right) \qquad (1.70)$$

有初偏心轴心受压构件的荷载—挠度曲线如图 1.20 所示。从图中可以看出,初偏心对轴心受压构件的影响与初弯曲类似,因此为了简单起见,可合并采用一种缺陷代表两种缺陷的影响。同样地,有初偏心轴心受压构件的 $N-y_m$ 曲线不可能沿无限弹性的 $Oa'b'$ 曲线发展,而是先沿弹性曲线 $Oa'$,然后沿弹塑性曲线 $a'c'd'$ 发展。其中,$a'$ 点对应的荷载也可由截面边缘纤维屈服准则确定(正割公式)。但是,对相同的构件,当初偏心 $e_0$ 与初弯曲 $v_0$ 相等(即 $\varepsilon_0$ 相同)时,初偏心的影响更为不利,这是因为初偏心情况中,构件从两端开始就存在附加弯矩 $Ne_0$。按正割公式求得的 $\sigma_0$ 和 $N$ 也比按佩利公式求得的值略低。

**3. 实际轴心受压构件整体稳定的计算**

实际轴心受压构件的各种缺陷总是同时存在的,但因与初弯曲和初偏心的影响类似,

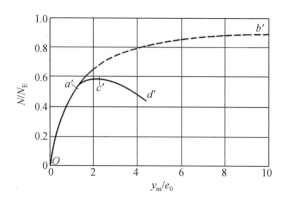

图 1.20　有初偏心轴心受压构件的荷载－挠度曲线

且各种不利因素同时出现最大值的概率较小,所以常取初弯曲作为几何缺陷代表。因此在理论分析中,只考虑残余应力和初弯曲两个最主要的影响因素。

图 1.21 是两端铰接、有残余应力和初弯曲的轴心受压构件及其荷载－挠度曲线图。在弹性受力阶段($Oa_1$ 段),荷载 $N$ 和最大总挠度 $Y_m$(或挠度 $y_m$)的关系曲线与只有初弯曲、没有残余应力时的弹性关系曲线完全相同。随着轴心压力 $N$ 的增加,构件截面中某一点达到钢材屈服强度 $f_y$ 时,截面开始进入弹塑性状态。开始屈服时($a_1$ 点)的平均应力 $\sigma_{a1} = N_p/A$ 总是低于只有残余应力而无初弯曲时的有效比例极限 $f_p = f_y - \sigma_r$;当构件凹侧边缘纤维为残余压应力时,也低于只有初弯曲而无残余应力时的 $a$ 点,当构件凹侧边缘纤维为残余拉应力时,则可能高于 $a$ 点。此后截面进入弹塑性状态,挠度随 $N$ 的增加而增加的速率加快,直到 $c_1$ 点,已不能继续增加 $N$,只能通过卸载维持平衡,如曲线 $c_1 d_1$ 下降段。$N-Y_m$ 线的极值点 $c_1$ 表示由稳定平衡过渡到不稳定平衡,相应于 $c_1$ 点的 $N_u$ 是临界荷载,即极限荷载或压溃荷载,它是构件不能维持内外力平衡时的极限承载力,由此模型建立的计算理论称为极限承载力理论。

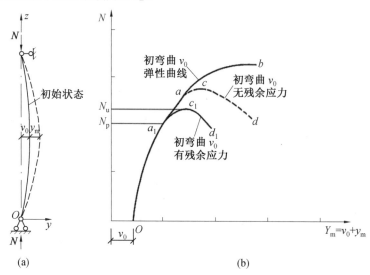

图 1.21　两端铰接、有残余应力和初弯曲的轴心受压构件及其荷载－挠度曲线图

理想轴心受压构件的临界力在弹性阶段是长细比 $\lambda$ 的单一函数,在弹塑性阶段按切线模量理论计算也并不复杂。实际轴心受压构件受残余应力、初弯曲、初偏心的影响,且影响程度还因截面形状、尺寸和屈曲方向而不同,因此每个实际构件都有各自的柱子曲线。另外,当实际构件处于弹塑性阶段,其应力-应变关系不但在同一截面各点,而且沿构件轴线方向各截面都有变化,因此按极限承载力理论计算比较复杂,一般需要采用数值法用计算机求解。数值计算方法很多,如数值积分法、差分法等解微分方程的数值方法和有限单元法等。

我国在制定轴心受压构件的柱子曲线时,根据不同截面形状和尺寸、不同加工条件和相应的残余应力分布及大小、不同的弯曲屈曲方向以及 $l/1\,000$ 的初弯曲(可理解为几何缺陷的代表值),按极限承载力理论,采用数值积分法,对多种实腹式轴心受压构件弯曲屈曲计算出了近 200 条柱子曲线。如上文所述,轴心受压构件的极限承载力并不仅仅取决于长细比,由于残余应力的影响,即使长细比相同的构件,随着截面形状、弯曲方向、残余应力分布和大小的不同,构件的极限承载力有很大差异,所计算的柱子曲线形成相当宽的分布带。这个分布带的上、下限相差较大,特别是中等长细比的常用情况相差尤其显著。因此,若用一条曲线来代表,显然是不合理的。国家标准 GB 50017—2017 将这些曲线分成四组,也就是将分布带分成四个窄带,取每组的平均值(50% 的分位值)曲线作为该组代表曲线,给出 a、b、c、d 四条柱子曲线,如图 1.22 所示。在 $\lambda=40\sim120$ 的常用范围,柱子曲线 a 比曲线 b 高出 4%～15%,而曲线 c 比曲线 b 低 7%～13%。曲线 d 则更低,主要用于厚板截面。这种柱子曲线有别于过去采用的单一柱子曲线,常称为多条柱子曲线。曲线中,$\varphi=N/Af_y=\sigma_u/f_y$ 称为轴心受压构件的整体稳定系数。

归属于 a、b、c、d 四条曲线的轴心受压构件截面分类可查阅标准,一般的截面属于 b 类。轧制圆管冷却时基本是均匀收缩,产生的截面残余应力很小,属于 a 类;焊接圆管由于存在残余应力的影响,属于 b 类。窄翼缘轧制普通工字钢的整个翼缘截面上的残余应力为拉应力,对绕 $x$ 轴弯曲屈曲有利,也属于 a 类。对于 $b/h>0.8$ 的宽翼缘轧制 H 型钢,其翼缘两端也存在较大的残余压应力,故绕 $y$ 轴失稳比绕 $x$ 轴失稳时低一类别,且残余应力的不利影响随钢材强度的提高而减弱,故将屈服强度为 235 MPa、$b/h>0.8$ 的宽翼缘轧制 H 型钢绕 $x$ 轴失稳时归为 b 类,而将屈服强度达到和超过 345 MPa、$b/h>0.8$ 的宽翼缘轧制 H 型钢提高一类采用。同理,将屈服强度达到和超过 345 MPa 的等边角钢也提高一个类别。对焊接工字形截面,当翼缘为轧制或剪切边或焰切后刨边时,其翼缘两端存在较大的残余压应力,绕对称轴失稳比绕非对称轴失稳时的承载力降低较多,故前者归入 c 类,后者归入 b 类。当翼缘为焰切边时,翼缘两端部存在残余拉应力,可使绕 $y$ 轴失稳的承载力比翼缘为轧制边或剪切边的有所提高,所以绕 $x$ 轴和绕 $y$ 轴两种情况都属于 b 类。当槽形截面用于格构式构件的分肢时,由于分肢的扭转变形受到缀件的牵制,所以计算分肢绕其自身对称轴的稳定时,可按 b 类。单轴对称截面绕对称轴失稳时,属于弯扭屈曲,其中 T 形和槽形截面的弯扭屈曲承载力均较低,为简化计算起见,将其归为 c 类,按弯曲屈曲计算。对于无对称轴截面,如不等边角钢,也可根据同样的道理列入 c 类。对于双角钢组成的 T 形截面,由于腹板厚度为翼缘厚度的 2 倍,且两角钢之间有空隙,故抗扭刚度较大,弯扭失稳承载力并不太低,所以列入 b 类。

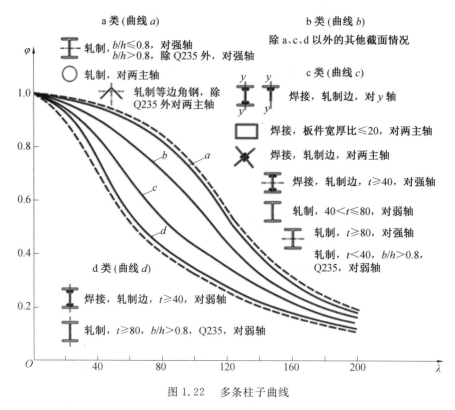

图1.22 多条柱子曲线

高层建筑钢结构的钢柱常采用板件厚度大（或宽厚比小）的热轧或焊接H形、箱形截面，其残余应力较常规截面的大而复杂。厚板的残余应力不但沿板件宽度方向变化，而且沿厚度方向变化也较大，板的外表面往往分布着残余压应力，此外，厚板的质量也较差，这些因素都会对稳定承载力带来较大的不利影响。JGJ 99—2015《高层民用建筑钢结构技术规程》对这些截面做了补充规定，将较有利情况归为b类，某些不利情况归为c类，某些更不利情况归为d类。

轴心受压构件的整体稳定计算应满足

$$\sigma = \frac{N}{A} \leqslant \frac{\sigma_u}{\gamma_R} = \frac{\sigma_u}{f_y}\frac{f_y}{\gamma_R} = \varphi f \tag{1.71}$$

式中　$\sigma_u$——构件的极限应力；

$\gamma_R$——材料抗力分项系数；

$N$——轴心压力设计值；

$A$——构件的毛截面面积；

$f$——钢材的抗压强度设计值，按钢材的设计用强度指标采用；

$\varphi$——轴心受压构件的整体稳定系数。

国家标准GB 50017—2017对轴心受压构件的整体稳定计算采用下列形式：

$$\frac{N}{\varphi A f} \leqslant 1.0 \tag{1.72}$$

为了计算机应用的方便，国家标准GB 50017—2017采用最小二乘法将各类截面的稳

定系数 $\varphi$ 值拟合成数学公式来表达。

当 $\lambda_n \leqslant 0.215$ 时,

$$\varphi = 1 - \alpha_1 \lambda_n^2 \tag{1.73}$$

当 $\lambda_n > 0.215$ 时,

$$\varphi = \left[(\alpha_2 + \alpha_3 \lambda_n + \lambda_n^2) - \sqrt{(\alpha_2 + \alpha_3 \lambda_n + \lambda_n^2)^2 - 4\lambda_n^2}\right] / 2\lambda_n^2 \tag{1.74}$$

式中 $\lambda_n$——构件的相对(或正则化)长细比,$\lambda_n = \dfrac{\lambda}{\pi}\sqrt{\dfrac{f_y}{E}}$,用 $\lambda_n$ 代替 $\lambda$ 后,公式无量纲化并能适用于各种屈服强度 $f_y$ 的钢材。

式(1.73)与佩利公式具有相同的形式,但此时 $\lambda$ 值不再以截面的边缘屈服为准则,而是先按极限承载力理论确定出构件的极限承载力后,再反算出 $\varepsilon_0$ 值。

因此,式(1.68)中的 $\varepsilon_0$ 值实质为考虑初弯曲、残余应力等综合影响的等效初弯曲率。$\varepsilon_0$ 取 $\lambda_n$ 的一次表达式,即 $\varepsilon_0 = \alpha_2 + \alpha_3 \lambda_n - 1$。式(1.74)中系数 $\alpha_2$、$\alpha_3$ 由最小二乘法求得。当长细比较小,即 $\lambda \leqslant 0.215(\lambda_n \leqslant 20\varepsilon_k)$ 时,佩利公式不再适用,则在 $\lambda_n = 0(\lambda = 1)$ 与 $\lambda_n = 0.215$ 间近似用抛物线公式(1.73)与佩利公式(1.74)衔接。

### 1.4.2 轴心受压柱的局部稳定

实腹式轴心受压构件一般由若干矩形平面板件组成,在轴心压力的作用下,这些板件均承受均匀压力。如果这些板件的平面尺寸很大,而厚度又相对很薄(宽厚比较大)时,在均匀压力的作用下,板件有可能在达到强度承载力之前先失去局部稳定。在1.3.2节中,已阐述了有关局部稳定的基本概念,并给出了考虑板件间相互作用的单个矩形板件的临界应力公式为

$$\sigma_{cr} = \frac{\chi k \pi^2 E}{12(1-\nu^2)} \left(\frac{t}{b}\right)^2 \tag{1.75}$$

当轴心受压构件中板件的临界应力超过比例极限 $f_p$ 进入弹塑性受力阶段时,可认为板件变为正交异性板。单向受压板沿受力方向的弹性模量 $E$ 降为切线模量 $E_t = \eta E$,但与压力垂直的方向仍为弹性阶段,其弹性模量仍为 $E$ 时可用 $E\sqrt{\eta}$ 代替 $E$,按下列近似公式计算其临界应力 $\sigma_{cr}$:

$$\sigma_{cr} = \frac{\chi k \pi^2 E \sqrt{\eta}}{12(1-\nu^2)} \left(\frac{t}{b}\right)^2 \tag{1.76}$$

根据轴心受压构件局部稳定的试验资料,可取弹性模量修正系数 $\eta$ 为

$$\eta = 0.101\,3\lambda^2 \frac{f_y}{E}\left(1 - 0.024\,8\lambda^2 \frac{f_y}{E}\right) \tag{1.77}$$

式中 $\lambda$——构件两方向长细比的较大值。

轴心受压构件局部稳定的计算方法如下。

(1) 确定板件宽(高)厚比限值的准则。

为了保证实腹式轴心受压构件的局部稳定,通常采用限制其板件宽(高)厚比的方法来实现。确定板件宽(高)厚比限值所采用的准则有两种:一种是使构件应力达到屈服前其板件不发生局部屈曲,即局部屈曲临界应力不低于屈服应力;另一种是使构件整体屈曲

前,其板件不发生局部屈曲,即局部屈曲临界应力不低于整体屈曲临界应力(或极限应力),常称为等稳定性准则。后一准则与构件长细比有关,对中等或较长构件似乎更合理,而前一准则对短柱比较适合。国家标准 GB 50017—2017 在规定轴心受压构件宽(高)厚比限值时,主要采用后一准则,在长细比较小时,参照前一准则予以调整。

(2) 轴心受压构件板件宽(高)厚比的限值。

轧制型钢(工字钢、H 型钢、槽钢、T 型钢、角钢等)的翼缘和腹板一般都有较大厚度,宽(高)厚比相对较小,都能满足局部稳定要求,可不进行验算。对焊接组合截面构件(图1.23),一般采用限制板件宽(高)厚比的方法来保证局部稳定。

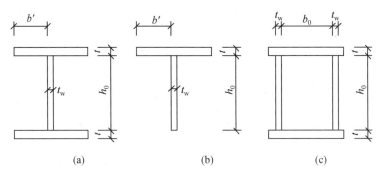

图 1.23　轴心受压构件板件宽厚比

①H 形截面。由于 H 形截面(图 1.23(a))的腹板一般较翼缘板薄,腹板对翼缘板几乎没有嵌固作用,因此翼缘可视为三边简支一边自由的均匀受压板,取屈曲系数 $k=0.425$,弹性嵌固系数 $\chi=1.0$。而腹板可视为四边支撑板,此时屈曲系数 $k=4$。当腹板发生屈曲时,翼缘板作为腹板纵向边的支撑,对腹板起一定的弹性嵌固作用,根据试验可取弹性嵌固系数 $\chi=1.3$。在弹塑性阶段,弹性模量修正系数 $\eta$ 按式(1.77)计算,代入式(1.76)使其大于或等于 $\varphi f_y$,可分别得到翼缘板悬伸部分的宽厚比 $b'/t$ 及腹板高厚比 $h_0/t_w$ 与长细比 $\lambda$ 的关系曲线。这种曲线较为复杂,为了便于应用,当 $\lambda=30\sim100$ 时,国家标准 GB 50017—2017 采用了下列简化的直线式表达。

翼缘:

$$\frac{b'}{t} \leqslant (10+0.1\lambda)\varepsilon_k \tag{1.78}$$

腹板:

$$\frac{h_0}{t_w} \leqslant (25+0.5\lambda)\varepsilon_k \tag{1.79}$$

式中　$\lambda$——构件两方向长细比的较大值。

对 $\lambda$ 很小的构件,国外多按短柱考虑,使局部屈曲临界应力达到屈服应力,甚至有考虑应变强化影响的。当 $\lambda$ 较大时,弹塑性阶段的公式不再适用,并且板件宽厚比也不宜过大。因此,国家标准 GB 50017—2017 规定:当 $\lambda \leqslant 30$ 时,取 $\lambda=30$;当 $\lambda \geqslant 100$ 时,取 $\lambda=100$,仍用式(1.78)和式(1.79)计算。

②T 形截面。T 形截面(图 1.23(b))轴心受压构件的翼缘板悬伸部分的宽厚比 $b'/t$ 限值与工字形截面一样,按式(1.78)计算。

T形截面的腹板也是三边支撑一边自由的板,但其宽厚比比翼缘大得多,它的屈曲受到翼缘一定程度的弹性嵌固作用,故腹板的宽厚比限值可适当放宽;又考虑到焊接T形截面的几何缺陷和残余压力都比热轧T型钢大,采用了相对低一些的限值。

热轧T型钢:

$$\frac{h_0}{t_w} \leqslant (15 + 0.2\lambda)\varepsilon_k \tag{1.80}$$

焊接T型钢:

$$\frac{h_0}{t_w} \leqslant (13 + 0.17\lambda)\varepsilon_k \tag{1.81}$$

③ 箱形截面。箱形截面轴心受压构件的翼缘和腹板均为四边支撑板(图1.23(c)),但翼缘和腹板一般用单侧焊缝连接,嵌固程度较低,可取 $\chi = 1$。国家标准 GB 50017—2017 采用局部屈曲临界应力不低于屈服应力的准则,得到的宽厚比限值与构件的长细比无关,即

$$\frac{b_0}{t} \leqslant 40\varepsilon_k \quad \text{或} \quad \frac{h_0}{t_w} \leqslant 40\varepsilon_k \tag{1.82}$$

④ 等边角钢轴心受压构件。等边角钢轴心受压构件的肢件宽厚比限值如下。

当 $\lambda \leqslant 80\varepsilon_k$ 时,

$$\frac{\omega}{t} \leqslant 15\varepsilon_k \tag{1.83}$$

当 $\lambda > 80\varepsilon_k$ 时,

$$\frac{\omega}{t} \leqslant 5\varepsilon_k + 0.125\lambda \tag{1.84}$$

式中　　$\omega$、$t$——角钢的平板宽度和厚度,简要计算时,$\omega$ 可取为 $b - 2t$;

$b$——角钢宽度;

$\lambda$——按角钢绕非对称主轴回转半径计算的长细比。

(3)加强局部稳定的措施。

当所选截面不满足板件宽(高)厚比规定要求时,一般应调整板件厚度或宽(高)度使其满足要求。但对工字形截面和箱形截面的腹板也可采用设置纵向加劲肋的方法予以加强,以缩减腹板计算高度(图1.24)。纵向加劲肋宜在腹板两侧成对配置,其一侧外伸宽度 $b_z \geqslant 10t_w$,厚度 $t_z \geqslant 0.75t_w$。纵向加劲肋通常在横向加劲肋间设置,横向加劲肋的尺寸应满足外伸宽度 $b_s \geqslant h_0/30 + 40$,厚度 $t_s \geqslant b_s/15$。

(4)腹板的有效截面。

大型工字形截面的腹板,由于高厚比 $h_0/t_w$ 较大,因此在满足高厚比限值的要求时,需采用较厚的腹板,经济性较差。为节省材料,可采用较薄的腹板,任腹板屈曲,考虑其屈曲后强度的利用,采用有效截面进行计算。在计算构件的强度和稳定性时,可采用下述简化方法考虑屈曲后强度:认为腹板中间部分退出工作,仅考虑腹板计算高度边缘范围内两侧宽度各为 $20t_w\varepsilon_k$ 的部分和翼缘作为有效截面(图1.25),计算有效截面面积,但在计算构件的长细比和整体稳定系数 $\varphi$ 时,仍用全部截面。

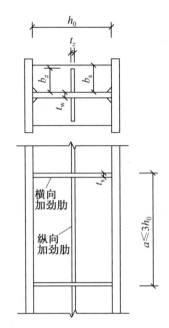

图 1.24　纵向加劲肋加强腹板

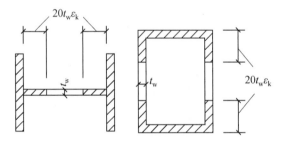

图 1.25　纵向加劲肋腹板有效截面

### 1.4.3　压弯柱在弯矩作用平面内的稳定计算

压弯构件的整体失稳破坏有多种形式。单向压弯构件的整体失稳分为弯矩作用平面内和弯矩作用平面外两种情况：弯矩作用平面内的失稳表现为弯曲失稳（图1.26），弯矩作用平面外的失稳表现为弯扭失稳（图1.27）。而双向压弯构件的整体失稳一定伴随着构件的扭转变形，即表现为弯扭失稳。

以偏心受压构件为例（弯矩与轴力按比例加载），来考察弯矩作用平面内的情况。直杆在偏心压力的作用下，如果有足够的约束防止弯矩作用平面外的侧移和变形，则弯矩作用平面内构件中点最大挠度 $v$ 与构件压力 $N$ 的关系如图1.26(b)所示。从图1.26(b)中可以看出，随着压力 $N$ 的增加，构件中点挠度 $v$ 非线性地增长。由于二阶效应（轴压力增加时，挠度增长的同时产生附加弯矩，附加弯矩又使挠度进一步增长）的影响，即使在弹性阶段，轴压力与挠度的关系也呈现非线性。到达 $A$ 点时，截面边缘开始屈服。随后，由于构件截面塑性的发展，截面内弹性区不断缩小，截面上拉应力合力与压应力合力间的力臂变短，因此截面内弯矩的增大速率降低，而作用在截面上的外力偶的增大速率却随轴压

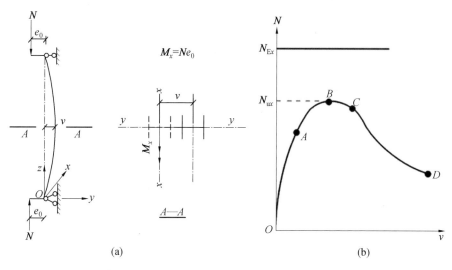

图 1.26 单向压弯构件弯矩作用平面内的失稳变形和轴力－位移曲线

力增大而变快(二阶效应导致),使轴压力与挠度间呈现出更明显的非线性关系。此时,随着压力的增加,挠度比弹性阶段增长得更快。在曲线的上升段 $OAB$,挠度是随着压力的增加而增加的,压弯构件处于稳定平衡状态。但是,曲线到达最高点 $B$ 后,继续增加压力已不可能;要维持平衡,必须卸载,因此曲线出现了下降段 $BCD$,压弯构件处于不稳定平衡状态。显然,$B$ 点表示构件达到了稳定极限状态,相应于 $B$ 点的轴力 $N_{ux}$ 称为极限荷载。轴压力达到 $N_{ux}$ 之后,构件即失去弯矩作用平面内的稳定。与理想轴心压杆不同,压弯构件在弯矩作用平面内的失稳为极值型失稳,不存在分岔现象,且 $N_{ux} < N_{ex}$(欧拉荷载)。需要注意的是,在曲线的极值点,构件的最大内力截面不一定到达全塑性状态,而这种全塑性状态可能发生在轴压承载力下降段的某点 $C$ 处。

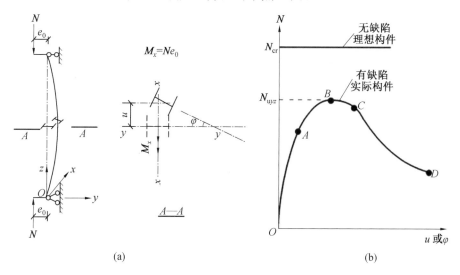

图 1.27 单向压弯构件弯矩作用平面外的失稳变形和轴力－位移曲线

假如构件没有足够的侧向支撑,且弯矩作用平面内的稳定性较强。对于无初始缺陷的理想压弯构件,当压力较小时,构件只产生 $yz$ 平面内的挠度。当压力增加到某一临界值 $N_{cr}$ 之后,构件会突然产生 $x$ 轴方向(弯矩作用平面外)的弯曲变形 $u$ 和扭转位移 $\varphi$,即构件发生了弯扭失稳,无初始缺陷的理想压弯构件的弯扭失稳是一种分支型失稳,如图 1.27 所示。若构件具有初始缺陷,荷载一经施加,构件就会产生较小的侧向位移 $u$ 和扭转位移 $\varphi$,并随荷载的增加而增加,当达到某一极限荷载 $N_{uyz}$ 之后,$u$ 和 $\varphi$ 的增加速度很快,而荷载却反而下降,压弯构件失去了稳定。有初始缺陷压弯构件在弯矩作用平面外的失稳为极值型失稳,无分支现象,$N_{uyz}$ 是其极限荷载,如图 1.27(b) 中 $B$ 点所示。

目前,确定压弯构件弯矩作用平面内极限承载力的方法很多,可分为两大类:一类是极限荷载计算法,即采用解析法或数值法直接求解压弯构件弯矩作用平面内的极限荷载 $N_{ux}$;另一类是相关公式计算法,即建立轴力和弯矩相关公式来验算压弯构件弯矩作用平面内的极限承载力。

(1) 极限荷载计算法。

计算压弯构件弯矩作用平面内极限荷载的方法有解析法和数值法。解析法是在各种近似假定的基础上,通过理论方法求得构件在弯矩作用平面内稳定承载力 $N_{ux}$ 的解析解,例如耶硕克近似解析法。一般情况下,解析法很难得到稳定承载力的闭合解,即使得到了,表达式也是很复杂的,使用很不方便。数值法可求得单一构件弯矩作用平面内的稳定承载力 $N_{ux}$ 的数值解,可以考虑构件的几何缺陷和残余应力影响,适用于各种边界条件以及弹塑性工作阶段,是最常用的方法。根据数值法可以得到轴力、长细比、相对偏心的相关曲线。图 1.28 所示为一工字形截面、具有图示残余应力分布和 $v_0/l=1/1\,000$ 相对初弯曲的偏心压杆的 $N_{ux}/Af_y - \lambda$ 曲线,是按不同的相对偏心 $\varepsilon$ 和长细比 $\lambda$,由计算机求得相应的 $N_{ux}$ 的数值解后绘制的。

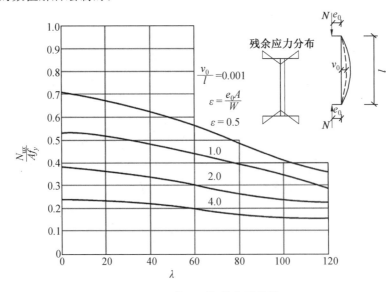

图 1.28 偏心压杆的柱子曲线

(2) 相关公式计算法。

目前,各国设计规范中压弯构件弯矩作用平面内整体稳定验算多采用相关公式计算法,即通过理论分析,建立轴力与弯矩的相关公式,并在大量数值计算和试验数据的统计分析的基础上,对相关公式中的参数进行修正,得到一个半经验半理论公式。

下面利用边缘屈服准则,建立压弯构件弯矩作用平面内稳定计算的轴力与弯矩的相关公式。由式(1.70)可得到受均匀弯矩作用的压弯构件中点的最大挠度为

$$y_m = e_0\left(\sec\frac{\pi}{2}\sqrt{\frac{N}{N_{Ex}}}-1\right) = \frac{M}{N}\left(\sec\frac{kl}{2}-1\right) = \frac{Ml^2}{8EI}\frac{8EI}{Nl^2}\left(\sec\frac{kl}{2}-1\right) = \delta_0\frac{2\left(\sec\frac{kl}{2}-1\right)}{(kl/2)^2}$$

(1.85)

式中 $k^2 = N/EI$;

$\delta_0$——不考虑 $N$(仅受均匀弯矩 $M$)时简支梁的跨度中点挠度,$\delta_0 = Ml^2/(8EI)$;

$\dfrac{2\left(\sec\dfrac{kl}{2}-1\right)}{(kl/2)^2}$——压弯构件考虑轴力 $N$ 影响(二阶效应)的跨中挠度放大系数,

将 $\sec(kl/2)$ 展开成幂级数,可得

$$\frac{2\left(\sec\frac{kl}{2}-1\right)}{(kl/2)^2} = 1 + \frac{5}{12}\left(\frac{kl}{2}\right)^2 + \frac{61}{360}\left(\frac{kl}{2}\right)^4 + \cdots$$
$$= 1 + 1.028 N/N_{Ex} + 1.032(N/N_{Ex})^2 + \cdots$$
$$\approx 1 + N/N_{Ex} + (N/N_{Ex})^2 + \cdots = \frac{1}{1-N/N_{Ex}} = \frac{1}{1-\alpha} \quad (1.86)$$

对于其他荷载作用下的压弯构件,也可导出挠度放大系数近似为 $\dfrac{1}{1-N/N_E}$。一般情况下,$\dfrac{N}{N_{Ex}} < 0.6$,误差不超过 2%。

下面分析轴心压力 $N$ 对弯矩的增大影响。考虑二阶效应后,两端铰支压弯构件由横向力或端弯矩引起的最大弯矩应为

$$M_{x\max 1} \approx M_x + N\cdot\frac{\delta_0}{1-N/N_{Ex}} = \frac{M_x}{1-N/N_{Ex}}\left(1+\kappa\frac{N}{N_{Ex}}\right) = \frac{\beta_{mx}M_x}{1-N/N_{Ex}} \quad (1.87a)$$

式中 $M_x$——构件截面上由横向力或端弯矩引起的一阶弯矩;

$\beta_{mx}$——弯矩修正系数或等效弯矩系数;

$\dfrac{1}{1-N/N_{Ex}}$——考虑由轴力 $N$ 引起的二阶效应的弯矩增大系数;

$N_{Ex}$——欧拉临界荷载,$N_{Ex} = \dfrac{\pi^2 EA}{\lambda_x^2}$。

进一步考虑构件初始缺陷的影响,并将构件各种初始缺陷等效为跨中最大初弯曲 $v_0$(表示综合缺陷)。假定等效初弯曲为正弦曲线,考虑二阶效应后由初弯曲产生的最大弯矩为

$$M_{x\max 2} = \frac{Nv_0}{1-N/N_{Ex}} \quad (1.87b)$$

因此,根据边缘屈服准则,压弯构件弯矩作用平面内截面的最大应力应满足

$$\frac{N}{A} + \frac{M_{x\max 1} + M_{x\max 2}}{W_{1x}} = \frac{N}{A} + \frac{\beta_{mx}M_x + Nv_0}{W_{1x}(1-N/N_{Ex})} = f_y \quad (1.88)$$

式中 $A$、$W_{1x}$——压弯构件截面面积和最大受压纤维的毛截面模量。

令式(1.88)中 $M_x=0$,则满足式(1.88)关系的轴心力 $N$ 成为有初始缺陷的轴心压杆的临界力 $N_{0x}$,在此情况下,由式(1.88)解出等效初始缺陷:

$$v_0 = \frac{W_{1x}(Af_y - N_{0x})(N_{Ex} - N_{0x})}{AN_{0x}N_{Ex}} \tag{1.89}$$

将式(1.89)代入式(1.88)并注意到 $N_{0x} = \varphi_x A f_y$,可得

$$\frac{N}{\varphi_x A f_y} + \frac{\beta_{mx} M_x}{W_{1x} f_y (1 - \varphi_x N/N_{Ex})} = 1 \tag{1.90}$$

从概念上讲,上述边缘屈服准则的应用属于二阶应力问题,不是稳定问题,但由于在推导过程中引入了有初始缺陷的轴心压杆稳定承载力的结果,因此,式(1.90)就等于采用应力问题的表达式来建立稳定问题的相关公式。

相关公式(1.90)考虑了压弯构件的二阶效应和构件的综合缺陷,是按边缘屈服准则得到的,由于边缘屈服准则以构件截面的边缘纤维屈服的弹性受力阶段极限状态作为稳定承载力极限状态,因此对于绕虚轴弯曲的格构式压弯构件以及截面发展塑性可能性较小的构件(如冷弯薄壁型钢压弯构件),可以直接采用式(1.90)作为设计依据。对于实腹式压弯构件,可允许利用截面上的塑性发展,经与试验资料和数值计算结果比较,可采用下列修正公式,即

$$\frac{N}{\varphi_x A f_y} + \frac{\beta_{mx} M_x}{\gamma_x W_{1x} f_y (1 - 0.8N/N_{Ex})} = 1 \tag{1.91}$$

图 1.29 对绕强轴弯曲的焊接工字形截面偏心压杆,给出了采用数值方法的极限荷载理论相关曲线与公式(1.91)的比较,二者吻合较好。

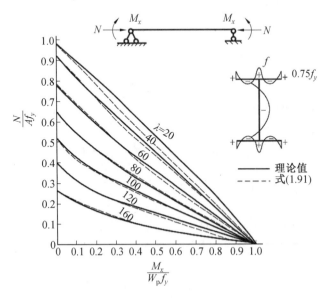

图 1.29 焊接工字钢偏心压杆的相关曲线

(3)压弯构件弯矩作用平面内整体稳定的计算公式。

在式(1.90)和式(1.91)中考虑抗力分项系数后,国家标准 GB 50017—2017 规定除

圆管（含圆形）截面外，实腹式压弯构件在弯矩作用平面内的整体稳定按下式计算：

$$\frac{N}{\varphi_x A f} + \frac{\beta_{mx} M_x}{\gamma_x W_{1x}(1-0.8N/N'_{Ex})f} \leqslant 1.0 \tag{1.92}$$

$$N'_{Ex} = \frac{\pi^2 EA}{1.1\lambda_x^2} \tag{1.93}$$

式中  $N$——所计算构件范围内的轴心压力设计值；

$\varphi_x$——弯矩作用平面内，轴心受压构件稳定系数，按第 1.3.1 节中的方法确定；

$M_x$——所计算构件段范围内的最大弯矩设计值；

$N'_{Ex}$——参数，相当于欧拉临界力 $N_{Ex}$ 除以抗力分项系数的平均值 1.1。

对于单轴对称截面（T 形和槽形截面）压弯构件，当弯矩作用在对称轴平面内且使较大翼缘受压时，有可能在无翼缘一侧产生较大的拉应力而首先屈服。为了使其塑性不致深入过大，对这种情况，除应按式（1.92）计算外，尚应补充如下计算：

$$\left| \frac{N}{Af} - \frac{\beta_{mx} M_x}{\gamma_x W_{2x}(1-1.25N/N'_{Ex})f} \right| \leqslant 1.0 \tag{1.94}$$

式中  $W_{2x}$——无翼缘端的毛截面模量。

等效弯矩系数 $\beta_{mx}$ 按下列规定采用。

① 无侧移框架柱和两端支撑的构件。

a. 无横向荷载作用时，$\beta_{mx}=0.6+0.4M_2/M_1$，$M_1$ 和 $M_2$ 为构件端弯矩，构件无反弯点时取同号，构件有反弯点时取异号，且 $|M_1| \geqslant |M_2|$。

b. 无端弯矩但有横向荷载作用时，对于跨中作用单个集中荷载的情形，$\beta_{mx}=1-0.36N/N_{cr}$；对于全跨均布荷载的情形，$\beta_{mx}=1-0.18N/N_{cr}$。注：$N_{cr}=\frac{\pi^2 EI}{(\mu l)^2}$ 为弹性临界力，$\mu$ 为构件的计算长度系数。

c. 端弯矩和横向荷载同时作用时，式（1.92）和式（1.94）中的 $\beta_{mx}M_x=\beta_{mqx}M_{qx}+\beta_{m1x}M_1$，$M_{qx}$ 为横向荷载产生的弯矩最大值，$\beta_{m1x}$ 和 $\beta_{mqx}$ 为按照第 ① 款第 a 项和第 b 项计算的等效弯矩系数。

② 有侧移框架柱和悬臂构件。

a. 有横向荷载的柱脚铰接的单层框架柱和多层框架的底层柱，$\beta_{mx}=1$。

b. 除第 ② 款第 a 项规定之外的框架柱，$\beta_{mx}=1-0.36N/N_{cr}$。

c. 自由端作用有弯矩的悬臂柱，$\beta_{mx}=1-0.36(1-m)N/N_{cr}$，$m$ 为自由端弯矩与固定端弯矩之比，当弯矩图无反弯点时取正号，有反弯点时取负号。

## 1.4.4 压弯柱在弯矩作用平面外的稳定计算

开口薄壁截面压弯构件的抗扭刚度及弯矩作用平面外的抗弯刚度通常较小，当构件在弯矩作用平面外没有足够的支撑以阻止其产生侧向位移和扭转时，构件可能发生弯扭失稳而破坏，这种弯扭失稳称为压弯构件弯矩作用平面外的整体失稳；对于理想的压弯构件，它具有分岔型失稳的特征。

对于两端简支、两端受轴心压力 $N$ 和等弯矩 $M_x$ 作用的双轴对称截面实腹式单向压弯构件（无初始几何缺陷），可将弯矩作用平面外的弯扭变形分解为侧向弯曲和绕纵轴的扭转(图 1.27)。轴心压力对侧向位移和扭转变形会产生附加侧向弯矩和扭矩。根据弹性稳定理论,在弯矩作用平面外的弯扭失稳临界条件,可用下式表达:

$$\left(1-\frac{N}{N_{Ey}}\right)\left(1-\frac{N}{N_z}\right)-\frac{M_x^2}{M_{crx}^2}=0 \tag{1.95}$$

式中 $N_{Ey}$——构件轴心受压时绕 $y$ 轴弯曲失稳的临界力,即欧拉临界力;

$N_z$——构件绕纵轴 $z$ 轴扭转失稳的临界力;

$M_{crx}$——构件受绕 $x$ 轴的均匀弯矩作用时的弯扭失稳临界弯矩。

根据式(1.95)可绘制出 $\frac{N}{N_{Ey}}-\frac{N}{N_z}-\frac{M_x}{M_{crx}}$ 的关系曲线,如图 1.30 所示。$\frac{N}{N_{Ey}}-\frac{M_x}{M_{crx}}$ 的相关曲线形式依赖于 $\frac{N_z}{N_{Ey}}$。$\frac{N_z}{N_{Ey}}>1$ 时,曲线外凸,且 $\frac{N_z}{N_{Ey}}$ 越大,曲线越凸。通过分析钢结构构件常用的截面形式可知,绝大多数情况下,$\frac{N_z}{N_{Ey}}$ 都大于 1.0。如果偏安全地,$\frac{N_z}{N_{Ey}}=1$,则可得到判别构件弯矩平面外稳定性的直线相关方程为

$$\frac{N}{N_{Ey}}+\frac{M_x}{M_{crx}}=1 \tag{1.96}$$

式(1.96)是根据双轴对称理想压弯构件导出并经简化的理论公式。对截面只有一个对称轴或者截面无对称轴、可能发生弹塑性失稳的粗短构件以及具有初始缺陷的实际工程构件,通常需采用数值解法和试验方法来确定压弯构件弯矩作用平面外的稳定承载力。但理论分析和试验研究均表明,将相关公式(1.96)中的 $N_{Ey}$ 和 $M_{crx}$ 分别用 $\varphi_y A f_y$ 和 $\varphi_b W_{1x} f_y$ 代入,并引入等效弯矩系数 $\beta_{tx}$ 和截面影响系数 $\eta$,可以得到计算上述各种压弯构件在弯矩作用平面外稳定承载力的实用相关公式:

$$\frac{N}{\varphi_y A f_y}+\eta\frac{\beta_{tx} M_x}{\varphi_b W_{1x} f_y}=1.0 \tag{1.97}$$

在式(1.97)中考虑抗力分项系数后,国家标准 GB 50017—2017 规定除圆管(含圆形)截面外,实腹式单向压弯构件弯矩作用平面外整体稳定计算公式为

$$\frac{N}{\varphi_y A f}+\eta\frac{\beta_{tx} M_x}{\varphi_b W_{1x} f}\leqslant 1.0 \tag{1.98}$$

式中 $M_x$——所计算构件段范围内(侧向支撑点间)的最大弯矩设计值;

$\varphi_y$——弯矩作用平面外的轴心受压构件稳定系数,按第 1.4.1 节中方法确定;

$\varphi_b$——均匀弯曲的受弯构件的整体稳定系数,为设计方便,对工字形(含 H 型钢)截面和 T 形截面的非悬臂构件,可按受弯构件整体稳定系数的近似公式计算,对闭口截面,$\varphi_b=1.0$;

$\eta$——截面影响系数,闭口截面 $\eta=0.7$,其他截面 $\eta=1.0$;

$\beta_{tx}$——计算弯矩作用平面外稳定时的弯矩等效系数,应根据所计算构件段的荷载和内力情况确定,按下列规定采用。

(1)在弯矩作用平面外有支撑的构件,应根据两相邻支撑点间构件段内的荷载和内力情况确定:①构件段无横向荷载作用时,$\beta_{tx}=0.65+0.35 M_2/M_1$,$M_1$ 和 $M_2$ 是构件段在弯矩作用平面内的端弯矩,$|M_1|\geqslant|M_2|$;当使构件段产生同向曲率时取同号,产生反向

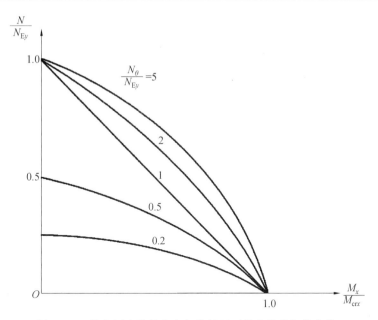

图 1.30　单向压弯构件在弯矩作用平面外失稳的相关曲线

曲率时取异号；② 构件段内有端弯矩和横向荷载同时作用时,使构件段产生同向曲率时取 $\beta_{tx}=1.0$,使构件段产生反向曲率时取 $\beta_{tx}=0.85$；③ 构件段内无端弯矩但有横向荷载作用时,$\beta_{tx}=1.0$。

(2) 弯矩作用平面外为悬臂构件时,$\beta_{tx}=1.0$。

# 第 2 章　碗扣式钢管脚手架的设计方法

## 2.1　概述

20世纪50年代,我国施工主要采用竹制或木制脚手架。该种脚手架具有成本低廉、取材方便、便于加工等优点,但其搭设复杂、构件重复使用率低且整体安全性低。因此,在20世纪六七十年代,我国引入了更为安全方便的钢管脚手架。到了80年代,门式和扣件式钢管脚手架得到了快速发展。21世纪以来,我国开始引入承插式脚手架,并在其基础上改进,获得了现在使用较多的碗扣式钢管脚手架(简称碗扣式脚手架)。相比于扣件式脚手架,碗扣式脚手架搭建更为方便、节点性能更优良、整体安全性更好,因此,其在工程中的应用日益广泛。然而,作为一种施工临时结构,碗扣式脚手架的设计理论、施工技术以及现场管理方法中均存在不完善的地方,因此,碗扣式脚手架安全性不足引发的安全事故频发,对生命财产安全造成了不可挽回的损失。本章首先对碗扣式脚手架的典型形式进行详细介绍,然后对碗扣式脚手架的设计方法进行叙述,为相关施工和设计人员提供了工程参考。

## 2.2　碗扣式钢管脚手架的典型形式

### 2.2.1　基本组成

根据 JGJ 166—2016《建筑施工碗扣式钢管脚手架安全技术规范》,节点采用碗扣方式连接的钢管脚手架统称为碗扣式钢管脚手架。根据使用用途的不同,碗扣式脚手架可以分为:双排脚手架和模板支撑架两种。图2.1给出了典型钢管脚手架的组成,其主要包括:立杆、水平杆、斜杆和剪刀撑。

**1. 立杆**

立杆是带有活动上碗扣,且焊有固定下碗扣和竖向连接套筒的竖向钢管构件。立杆是脚手架中垂直于水平面的竖向杆件,是脚手架中最主要的受力杆件。它将脚手架上部传递的全部荷载,通过底座(或垫座)传到地基上。

**2. 水平杆**

水平杆是两端焊接有连接板接头,与立杆通过上、下碗扣连接的水平钢管构件,包括:纵向水平杆(沿脚手架纵向设置的水平杆)、横向水平杆(沿脚手架横向设置的水平杆)和间水平杆(两端焊有插卡装置,与纵向水平杆通过插卡装置相连,用于双排脚手架的横向水平钢管构件)。水平杆通过支撑作用将各立杆连成整体。在碗扣式满堂红脚手架中,水平杆的作用除了连接立杆外,在部分水平杆上铺设脚手板,还起到了传力作用,将脚手板传递来的荷载传到立杆上。扫地杆也是一种特别的水平杆,它是连接立杆底部的水平杆,

## 第 2 章 碗扣式钢管脚手架的设计方法

分为纵向扫地杆和横向扫地杆两种,其作用是增强支架的整体刚度。

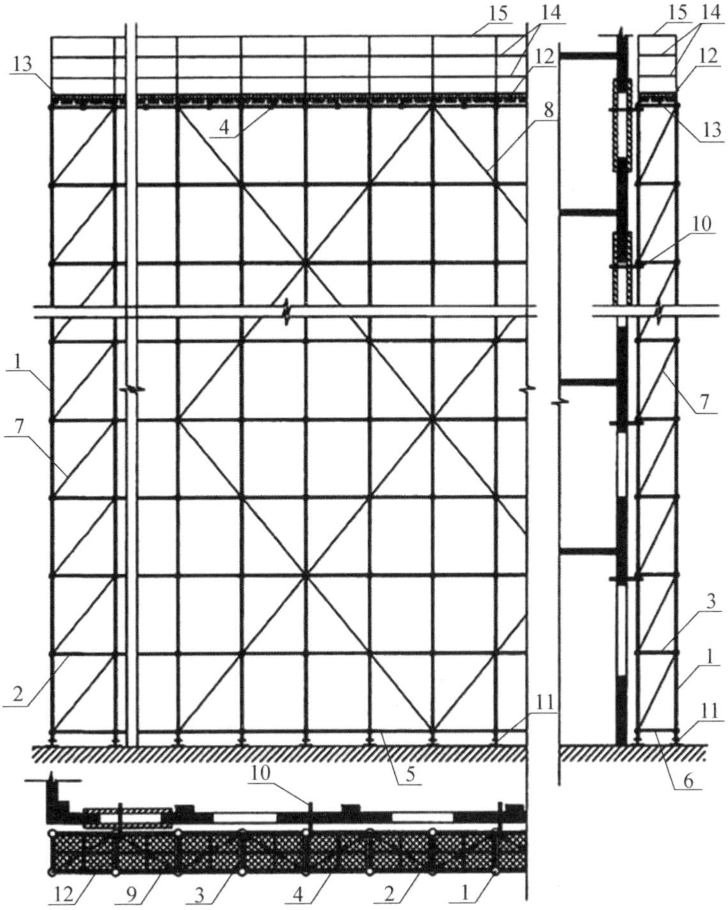

图 2.1 脚手架布置形式示意图
1—立杆;2—纵向水平杆;3—横向水平杆;4—间水平杆;5—纵向扫地杆;6—横向扫地杆;
7—竖向斜杆;8—剪刀撑;9—水平斜杆;10—连墙件;11—底座;12—脚手板;13—挡脚板;
14—栏杆;15—扶手

(图例引自 JGJ 166—2016《建筑施工碗扣式钢管脚手架安全技术规范》)

**3. 斜杆**

斜杆是两端带有接头,用作脚手架斜撑杆的钢管构件。按接头形式可分为专用外斜杆和内斜杆;按设置方向可分为水平斜杆和竖向斜杆;斜杆可以有效改善脚手架横竖杆单元围成单元的竖向传力机制,增加脚手架的整体稳定性。

**4. 剪刀撑**

剪刀撑是成对设置的剪刀形交叉斜杆。剪刀撑是对脚手架起着纵向稳定,加强纵向刚性的重要杆件,剪刀撑可以有效地把脚手架连成整体,增加脚手架的整体稳定性。

### 2.2.2 主要构配件

碗扣式钢管模板支撑架的主要构配件有钢管、碗扣式节点以及可调托撑。

**1. 钢管**

碗扣式脚手架中,立杆、水平杆及剪刀撑的材料应采用满足我国现行国家标准的普通钢管,其主要规格为 $\phi 48 \text{ mm} \times 3.5 \text{ mm}$,钢管壁厚不得小于 $3.5 \text{ mm} \pm 0.25 \text{ mm}$,其材质应符合规范要求。

**2. 碗扣式节点**

碗扣式节点由上碗扣、下碗扣、水平杆接头和限位销等构成,脚手架接头示意图如图2.2所示。在节点组装时,将水平杆两端的插头插入下碗,扣紧和旋转上碗,用限位销压紧上碗螺旋面,每个节点可同时连接4个水平杆。碗扣式节点安装迅速省力,避免了拧螺栓作业,不易丢失零散扣件。

图2.2 脚手架接头示意图

**3. 可调托撑**

可调托撑插放在模板支撑架顶部立杆上端,用于传递托撑模板传来的施工荷载,可调节支撑高度的托座,分U形托与可调早拆两种。脚手架托撑示意图如图2.3所示。

图2.3 脚手架托撑示意图

## 2.3 碗扣式钢管脚手架的设计方法

### 2.3.1 设计依据

(1)GB 50017—2017《钢结构设计标准》。
(2)GB 50005—2017《木结构设计标准》。
(3)JGJ 94—2008《建筑桩基技术规范》。
(4)JTG/T 3650—2020《公路桥涵施工技术规范》。
(5)JGJ 300—2013《建筑施工临时支撑结构技术规范》。
(6)JGJ 166—2016《建筑施工碗扣式钢管脚手架安全技术规范》。
(7)JGJ 162—2008《建筑施工模板安全技术规范》。
(8)GB 50009—2012《建筑结构荷载规范》。
(9)相关施工图纸。

### 2.3.2 荷载

**1. 荷载分类**

作用于碗扣式脚手架的荷载可以分为永久荷载和可变荷载两类。表2.1给出了永久荷载和可变荷载主要包含的类型。

表2.1 碗扣式脚手架设计中所考虑的荷载

| 荷载类型 | 脚手架类型 | 荷载描述 |
| --- | --- | --- |
| 永久荷载 | 双排脚手架 | 架体结构的自重:立杆、水平杆、间水平杆、挑梁、斜杆、剪刀撑和配件的自重;<br>附件的自重:脚手板、挡脚板、栏杆和安全网等 |
| | 模板支撑架 | 架体结构的自重:立杆、水平杆、斜杆、剪刀撑、可调托撑和配件的自重;<br>模板及支撑梁的自重;<br>作用在模板上的混凝土和钢筋的自重 |
| 可变荷载 | 双排脚手架 | 施工荷载:作业层上操作人员、存放材料、运输工具及小型机具等的自重;<br>风荷载 |
| | 模板支撑架 | 施工荷载:施工工作人员、施工设备的自重、浇筑及振捣混凝土时产生的荷载、超过浇筑构件厚度的混凝土料堆放荷载;<br>风荷载;<br>其他可变荷载 |

对于上述永久荷载与可变荷载的标准值确定,按下列准则进行。

(1)碗扣式脚手架无论是双排脚手架还是模板支撑架,架体结构自重的标准值可以有两种确定方法:①根据架体方案设计和工程实际使用的架体构配件自重,取样称重获得;②按照JGJ 166—2016《建筑施工碗扣式钢管脚手架安全技术规范》中的附录A获得。

(2)双排脚手架的附件自重标准值见表2.2。

表 2.2 双排脚手架的附件自重标准值    kN/m²

| 附件类型 | 具体类别 | 标准值 |
|---|---|---|
| 脚手板 | 冲压钢脚手板 | 0.30 |
| | 竹串片脚手板 | 0.35 |
| | 木脚手板 | 0.35 |
| | 竹笆脚手板 | 0.10 |
| 栏杆与挡脚板 | 栏杆、冲压钢脚手板挡板 | 0.16 |
| | 栏杆、竹串片脚手板挡板 | 0.17 |
| | 栏杆、木脚手板挡板 | 0.17 |
| 外侧安全网 | | 根据实际情况确定,不应低于0.01 |

(3)模板支撑架的模板自重标准值,应根据模板方案设计确定。对于一般梁板模板和无梁楼板模板的自重标准值,可按表2.3进行取值。

表 2.3 模板支撑架的自重标准值    kN/m²

| 模板类别 | 木模板 | 定型钢模板 |
|---|---|---|
| 梁板模板(包括梁模板) | 0.50 | 0.75 |
| 无梁楼板模板(包括次楞) | 0.30 | 0.50 |
| 楼板模板及支架(楼层高度为4 m以下) | 0.75 | 1.10 |

(4)混凝土和钢筋的自重标准值应根据各自实际的重力密度确定。对于普通梁的钢筋混凝土自重标准值,可取为 25.5 kN/m³,对于普通板的钢筋混凝土自重标准值,可取为 25.1 kN/m³。

(5)碗扣式脚手架的施工荷载标准值应根据实际情况确定,但不应低于表2.4给出的相应值。

表 2.4 碗扣式脚手架的施工荷载标准值    kN/m²

| 脚手架类型 | 用途/类别 | 荷载标准值 |
|---|---|---|
| 双排脚手架 | 混凝土和砌筑工程作业 | 3.0 |
| | 装饰装修工程作业 | 2.0 |
| | 防护 | 1.0 |
| | 斜梯施工荷载标准值按其水平投影面积计算,取值不应小于2.0 | |
| | 当存在两个或两个以上作业层同时作业时,在同一跨距内各作业层的施工荷载标准值总和不应低于4.0 | |
| 模板支撑架 | 一般浇筑工艺 | 2.5 |
| | 有水平泵管或布料机 | 4.0 |
| | 桥梁工程 | 4.0 |

(6)碗扣式脚手架上的水平风荷载标准值,按下式计算获得

$$w_k = \mu_z \mu_s w_0 \tag{2.1}$$

式中　$w_k$——风荷载标准值,$kN/m^2$;

　　　$w_0$——基本风压值,$kN/m^2$,按现行国家荷载标准取重现期$n=10$年对应的风荷载;

　　　$\mu_z$——风压高度变化系数,按JGJ 166—2016《建筑施工碗扣式钢管脚手架安全技术规范》中附录B进行取值;

　　　$\mu_s$——风荷载体型系数,按JGJ 166—2016《建筑施工碗扣式钢管脚手架安全技术规范》中表4.2.6进行取值。

**2. 荷载取值**

(1)当计算脚手架的架体或构件的强度、稳定性和连接强度时,荷载设计值采用荷载标准值乘以荷载分项系数。

(2)荷载分项系数按表2.5选取。

表2.5　荷载分项系数

| 脚手架种类 | 验算项目 | 荷载分项系数 | | | |
|---|---|---|---|---|---|
| | | 永久荷载分项系数 $\gamma_G$ | | 可变荷载分项系数 $\gamma_Q$ | |
| 双排脚手架 | 强度、稳定性 | 1.3 | | 1.5 | |
| | 地基承载力 | 1.0 | | 1.0 | |
| | 挠度 | 1.0 | | 1.0 | |
| 模板支撑架 | 强度、稳定性 | 可变荷载控制 | 1.3 | 1.5 | |
| | | 永久荷载控制 | 1.35 | | |
| | 地基承载力 | 1.0 | | 1.0 | |
| | 挠度 | 1.0 | | 0 | |
| | 倾覆 | 有利 | 0.9 | 有利 | 0 |
| | | 不利 | 1.35 | 不利 | 1.4 |

**3. 荷载效应组合**

脚手架设计时,根据使用过程中架体上可能同时出现的荷载,按照承载力极限状态和正常使用极限状态分别进行荷载组合,并取各自最不利的组合进行设计。其中,承载力极限状态要求按荷载的基本组合计算的荷载效应的设计值,满足下式要求:

$$\gamma_0 S_d \leqslant R_d \tag{2.2}$$

式中　$\gamma_0$——结构重要性系数,对安全等级为Ⅰ级和Ⅱ级的脚手架分别取1.1和1.0;

　　　$S_d$——荷载组合的效应设计值;

　　　$R_d$——脚手架结构和构件的抗力设计值。

脚手架的安全等级可参考JGJ 166—2016《建筑施工碗扣式钢管脚手架安全技术规范》中表4.4.2进行确定。

对于正常使用极限状态,要求按荷载的标准组合计算得到的荷载组合的效应设计值,

满足下式要求：

$$S_d \leqslant C \tag{2.3}$$

式中　$C$——架体构件的允许变形值。

荷载的基本组合按表 2.6 来确定。

表 2.6　脚手架设计中的荷载基本组合

| 脚手架类别 | 极限状态 | 计算项目 | | 荷载基本组合 |
|---|---|---|---|---|
| 双排脚手架 | 承载力 | 水平杆及节点连接强度 | | ①+② |
| | | 立杆稳定承载力 | | ①+②+$\psi_w$③ |
| | | 连墙件强度、稳定承载力和连接强度 | | ③+$N_0$ |
| | | 立杆地基承载力 | | ①+② |
| | 正常使用 | 水平杆挠度 | | ①+② |
| 模板支撑架 | 承载力 | 立杆稳定 | 由永久荷载控制 | ①+$\psi_c$②+$\psi_w$③ |
| | | | 由可变荷载控制 | ①+②+$\psi_w$③ |
| | | 立杆地基稳定 | 由永久荷载控制 | ①+$\psi_c$②+$\psi_w$③ |
| | | | 由可变荷载控制 | ①+②+$\psi_w$③ |
| | | 门洞转换横梁强度 | 永久荷载控制 | ①+$\psi_c$② |
| | | | 可变荷载控制 | ①+② |
| | | 倾覆 | | ①+③ |
| | 正常使用 | 门洞转换横梁挠度 | | ① |

注：(1) ① 为永久荷载；② 为施工荷载；③ 为风荷载。
　　(2) $\psi_c$ 和 $\psi_w$ 分别表示施工荷载和风荷载的组合系数，分别取：$\psi_c=0.7$ 和 $\psi_w=0.6$。
　　(3) $N_0$ 为连墙件约束脚手架平面外变形所产生的轴力设计值。
　　(4) 立杆稳定承载力计算在室内或无风环境不组合风荷载。

### 2.3.3　设计与计算

**1. 双排脚手架**

（1）作业层水平杆的抗弯强度。

作业层水平杆的抗弯强度应满足下式要求：

$$\frac{\gamma_0 M_s}{W} = \frac{\gamma_0(1.3M_{GK}+1.5M_{QK})}{W} \leqslant f \tag{2.4}$$

式中　$M_s$——水平杆弯矩设计值，N·mm；

　　　$M_{GK}$——由脚手板自重产生的杆中弯矩标准值，N·mm；

　　　$M_{QK}$——由施工荷载产生的弯矩标准值，N·mm；

　　　$f$——钢材的抗弯强度设计值，N·mm，对于 Q235 和 Q345 钢材分别取 205 N/mm² 和 300 N/mm²。

## 第2章 碗扣式钢管脚手架的设计方法

(2) 作业层水平杆的挠度。

作业层水平杆的挠度应满足下式要求：

$$v \leqslant [v] \tag{2.5}$$

式中 $v$——水平杆的挠度；

$[v]$——容许挠度。

对于双排脚手架的脚手板、纵向水平杆、横向水平杆取$[v] = l/150$ mm 与 10 mm 中的较小值。其中，$l$ 为计算跨度。

(3) 立杆稳定性。

立杆稳定性应满足下式要求。

无风荷载时，

$$\frac{\gamma_0 N}{\varphi A} \leqslant f \tag{2.6a}$$

有风荷载时，

$$\frac{\gamma_0 N}{\varphi A} + \frac{\gamma_0 M_w}{W} \leqslant f \tag{2.6b}$$

式中 $N$——立杆轴力设计值；

$\varphi$——轴心受压构件的稳定系数，根据杆件的长细比 $\lambda$ 查表获得；

$A$——立杆毛截面面积，$mm^2$；

$W$——立杆的截面模量，$mm^3$；

$M_w$——风荷载产生的弯矩设计值；

$f$——钢材抗压强度设计值，$N/mm^2$。

其中，参数 $A$、$W$ 和 $\lambda$ 应根据现场实际几何尺寸进行选取和计算。关于 $N$ 和 $M_w$ 的计算如下所示：

$$N = 1.3 \sum N_{GK,1} + 1.5 N_{QK} \tag{2.7}$$

$$M_w = 1.4 \times 0.6 M_{WK} \tag{2.8a}$$

$$M_{WK} = 0.05 \xi \omega_k l_a H_c^2 \tag{2.8b}$$

式中 $\sum N_{GK,1}$、$N_{QK}$——由架体及附件自重和施工荷载产生的轴力标准值；

$M_{WK}$——风荷载产生的弯矩标准值，N·mm；

$\xi$——弯矩折减系数，对连墙件设置为二步距时，取 $\xi = 0.6$，当连墙件设置为三步距时，取 $\xi = 0.4$；

$l_a$——立杆纵向间距；

$H_c$——连墙件间竖向垂直距离。

在计算稳定系数 $\varphi$ 时，采用公式 $\varphi = l_0/i$ 来进行计算。其中，回转半径按公式 $i = I/A$ 计算，截面惯性矩 $I$ 根据实际截面几何尺寸计算获得。对于立杆的计算长度 $l_0$，可按下式进行计算：

$$l_0 = k\mu h \tag{2.9}$$

式中 $k$——立杆计算长度附加系数，取 $k = 1.155$，当验算立杆允许长细比时，不考虑附加系数影响，取 $k = 1.0$；

$\mu$—— 立杆计算长度系数,当连墙件为两步三跨时,取 $\mu=1.55$,当连墙件为三步三跨时,取 $\mu=1.75$;

$h$—— 步距。

(4) 连接节点承载力。

连接节点承载力应满足下式要求:

$$\gamma_0 F_{\mathrm{J}} = F_{\mathrm{JR}} \tag{2.10}$$

式中　　$F_{\mathrm{J}}$—— 作用在脚手架杆件节点的荷载设计值;

$F_{\mathrm{JR}}$—— 脚手架杆件节点的承载力设计值,按规范选取。

(5) 连墙件杆件的强度及稳定性。

连墙件杆件的强度及稳定性应满足下式要求。

强度:

$$\frac{\gamma_0 N_{\mathrm{L}}}{A_{\mathrm{n}}} \leqslant 0.85 f \tag{2.11}$$

稳定性:

$$\frac{\gamma_0 N_{\mathrm{L}}}{\varphi A} = \frac{\gamma_0 (N_{\mathrm{LW}} + N_0)}{\varphi A} = \frac{\gamma_0 (1.4 w_k L_c H_c + N_0)}{\varphi A} \leqslant 0.85 f \tag{2.12}$$

式中　　$N_{\mathrm{L}}$—— 连墙件轴力设计值,N;

$N_{\mathrm{LW}}$—— 连墙件由风荷载产生的轴力设计值,N;

$N_0$—— 连墙件约束脚手架平面外变形所产生的轴力设计值,N;

$\varphi$—— 轴心受压构件的稳定系数,根据杆件长细比 $\lambda$ 来查表获得;

$A_{\mathrm{n}}$、$A$—— 连墙件的净截面和毛截面面积;

$L_c$—— 连墙件间水平投影距离。

(6) 连墙件与架体以及连墙件与建筑结构连接的承载力。

连墙件与架体以及连墙件与建筑结构连接的承载力应满足下式要求:

$$\gamma_0 N_{\mathrm{L}} = N_{\mathrm{LR}} \tag{2.13}$$

式中　　$N_{\mathrm{L}}$—— 连墙件轴力设计值;

$N_{\mathrm{LR}}$—— 连墙件与架体及连墙件与建筑结构连接的抗压抗拉承载力设计值,按规范选取。

**2. 模板支撑架**

(1) 立杆稳定。

① 不考虑风荷载时,按式(2.6a)进行验算。其中,立杆的轴力设计值 $N$ 按以下两种工况进行考虑。

a. 由可变荷载控制组合时,

$$N = 1.3 \left( \sum N_{\mathrm{GK},1} + \sum N_{\mathrm{GK},2} \right) + 1.5 N_{\mathrm{QK}} \tag{2.14}$$

式中　　$\sum N_{\mathrm{GK},1}$—— 立杆由架体结构及附件自重产生的轴力标准值总和;

$\sum N_{\mathrm{GK},2}$—— 模板及支撑梁自重和混凝土及钢筋自重产生的轴力标准值总和,该项荷载也是模板支撑架和脚手架设计中所考虑竖向荷载中不同的一项。

b. 由永久荷载控制组合时，
$$N = 1.35\left(\sum N_{GK,1} + \sum N_{GK,2}\right) + 1.5 \times 0.7 N_{QK} \quad (2.15)$$

② 考虑风荷载时，应分别按式(2.6a)和式(2.6b)进行验算。其中，立杆的轴力设计值 $N$ 按以下两种工况进行考虑。

a. 当按式(2.6a)进行验算。

可变荷载控制，
$$N = 1.3\left(\sum N_{GK,1} + \sum N_{GK,2}\right) + 1.5(N_{QK} + 0.6 N_{WK}) \quad (2.16)$$

永久荷载控制，
$$N = 1.35\left(\sum N_{GK,1} + \sum N_{GK,2}\right) + 1.5(0.7 N_{QK} + 0.6 N_{WK}) \quad (2.17)$$

式中　$N_{WK}$——风荷载所引起的附加轴力。

值得说明的是，若支撑架满足一定几何尺寸要求（架体的高宽比不大于3，且作业层上竖向栏杆围挡高度不大于1.2 m），且与既有建筑进行可靠连接或采用了防倾覆措施时，无须考虑风荷载引起的附加轴力。若均不满足上述要求，可按下式对 $N_{WK}$ 进行计算。

可变荷载控制，
$$N_{WK} = \frac{6n}{(n+1)(n+2)} \times \frac{M_{TK}}{B} \quad (2.18)$$

式中　$n$——立杆跨数；

　　　$M_{TK}$——风荷载造成的倾覆弯矩，其计算方法可参考 JGJ 166—2016《建筑施工碗扣式钢管脚手架安全技术规范》中相关规定计算；

　　　$B$——模板支撑架的横向跨度。

b. 当按式(2.6b)进行验算时，其中轴力标准值 $N$ 取为式(2.19)和式(2.20)计算结果的较大值。

可变荷载控制，
$$N = 1.3\left(\sum N_{GK,1} + \sum N_{GK,2}\right) + 1.5(N_{QK} + 0.6 N_{WK}) \quad (2.19)$$

永久荷载控制，
$$N = 1.3\left(\sum N_{GK,1} + \sum N_{GK,2}\right) + 1.5(0.7 N_{QK} + 0.6 N_{WK}) \quad (2.20)$$

对于风荷载引起的支撑架立杆弯矩标准值 $M_{WK}$，可按式(2.21)进行计算：
$$M_{WK} = \frac{l_a w_k h^2}{10} \quad (2.21)$$

进行立杆稳定性验算时，立杆的计算长度 $l_0$ 按下式进行计算：
$$l_0 = k\mu(h + 2a) \quad (2.22)$$

式中　$a$——立杆伸出顶层水平杆长度，可取 $a = 650$ mm；当 $a = 200$ mm 时，取 $a = 650$ mm 对应承载力的1.2倍；当 $200$ mm $< a <$ $650$ mm 时，按线性插入确定承载力；

　　　$\mu$——立杆计算长度系数，当步距 $h$ 为 0.6 m、1.0 m、1.2 m 和 1.5 m，取 $\mu = 1.1$，当步距 $h$ 为 1.8 m 和 2.0m 时，取 $\mu = 1.0$；

$k$——计算附加系数,其与架体搭设高度 $H$ 相关,可取 $k=1.155(H\leqslant 8\text{ m})$、$k=1.185(8\text{ m}<H\leqslant 10\text{ m})$、$k=1.217(10\text{ m}<H\leqslant 20\text{ m})$、$k=1.291(20\text{ m}<H\leqslant 30\text{ m})$,当验算立杆允许长细比时,取 $k=1.0$。

(2) 门洞转换横梁。

当模板支撑架设置门洞时,门洞转换横梁的受弯和受剪承载力、稳定性和挠曲变形验算应符合国家标准 GB 50017—2017《钢结构设计标准》的规定。

(3) 抗倾覆承载力。

在水平风荷载的作用下,模板支撑架的抗倾覆承载力应符合下式要求:

$$B^2 l_a(g_{1k}+g_{2k})+2\sum_{j=1}^{n}G_{jk}b_j \geqslant 3\gamma_0 M_{TK} \tag{2.23}$$

式中 $g_{1k}$、$g_{2k}$——架体及附件自重和模板等物料自重的标准值,$\text{N/mm}^2$;

$G_{jk}$——架体集中堆放物料自重标准值,N;

$b_j$——堆放物料距倾覆原点的水平距离。

**3. 地基基础验算**

脚手架的地基验算应满足如下表达式:

$$\frac{N}{A_g} \leqslant \gamma_u f_a \tag{2.24}$$

式中 $A_g$——立杆基础底面面积,其取值不超过 $0.3\text{ m}^2$;

$\gamma_u$——永久荷载和可变荷载分项系数加权平均值,按永久荷载控制组合时,取 $\gamma_u=1.363$,当永久荷载控制组合时,取 $\gamma_u=1.254$;

$f_a$——修正后的地基承载力特征值,按下式计算:

$$f_a = m_f f_{ak} \tag{2.25}$$

式中 $m_f$——地基承载力修正系数,按表2.7确定;

$f_{ak}$——地基承载力特征值,可由荷载试验、其他原位测试、理论公式计算或者依据工程经验根据地质勘察报告提供数据综合确定。

表2.7 地基承载力修正系数 $m_f$ 的取值

| 地基土类别 | 修正系数 | |
|---|---|---|
|  | 原状土 | 分层回填夯实土 |
| 多年填积土 | 0.6 | — |
| 碎石土、沙土 | 0.8 | 0.4 |
| 粉土、黏土 | 0.7 | 0.5 |
| 岩石、混凝土、道路路面 | 1.0 | — |

# 第3章 碗扣式钢管脚手架的典型事故分析

## 3.1 概述

20世纪80年代以来,我国建筑业得到了前所未有的蓬勃发展,随着社会的进步,以人为本,珍爱生命的社会理念融入建筑安全管理中,安全事故的数量与死亡人数逐年下降。然而,近年来,建筑施工模板支撑架和脚手架坍塌造成群死群伤的事故连续发生,在较大事故的总数和死亡人数中所占比例不断上升。据不完全统计,2013年以来的建筑施工模板支撑架和脚手架坍塌事故占较大事故总数的50%以上,已经成为房屋、桥梁、市政工程的主要危险源之一。因此,脚手架设计和搭设的每一个细节都关乎生死,从业者应负起责任,不要让脚手架坍塌成为一再重演的悲剧。加强培训与监管,是减少脚手架坍塌事故的重要途径。

鉴于上述,本章对碗扣式钢管脚手架的典型事故案例进行了收集、整理和原因分析,厘清了引发模板支撑架倒塌事故的主要因素,针对原因结合实际事故案例进行详细阐述,结合理论受力分析和工程管理经验,从设计、施工和管理三个方面给出碗扣式钢管脚手架事故的工程应对措施,为施工人员提供一定的参考。

## 3.2 碗扣式钢管脚手架的典型事故案例的收集和整理

### 3.2.1 典型事故案例1

2005年,某项目的高大厅堂顶盖模板支撑架在预应力混凝土空心板浇筑接近完成时发生整体垮塌,酿成了8人死亡、21人受伤的重大伤亡事故,事故现场如图3.1所示。

事故的主要原因是施工方案存在问题,具体问题如下。

(1)在中庭相邻三边楼盖均无浇筑的情况下,临时改变施工方案为先浇筑中庭顶盖。在浇筑接近完成时,顶盖模板中部偏西南部位向下凹陷,楼板和支架呈波形变化,随之扭转并发生整体坍塌。

(2)托撑到下面一道水平杆悬伸长度过大。根据图纸进行支架荷载计算可得到恒载+活载为 16.4 kN/m²,每根立杆的最大轴压力为 23.6 kN。模板支撑架立杆的计算长度取 $l_0 = k\mu(h+2a)$。该计算式表明,必须严格控制 $a$ 值($a<500$ mm),否则,将会出现严重降低支架(立杆)稳定承载力的危险情况。由于项目施工方案中未规定模板支撑架立杆伸出顶层横向水平杆中心线至模板支撑点的长度(即 $a$ 值),实际外伸长度为 1.4~1.7 m,因此自由长度过大是造成高大模板支撑架失稳坍塌事故的主要原因。

图 3.1 某项目的高大厅堂顶盖模板支撑架整体垮塌事故现场
(案例引自《中国政府网》)

### 3.2.2 典型事故案例 2

2021年,某市某建筑进行外立面装修工程时,其数十米长的脚手架突发坍塌事故,导致1人受伤,周围多辆车受损,事故现场如图3.2所示。

事故的主要原因如下。

(1)上部脚手架拆除后,未及时将短钢管转运至堆放区域,而放在安全通道的顶部,荷载较大。

(2)现场脚手架拆除连墙点后,未采取下部架体防倾倒措施。

(3)上部脚手架拆除后,将拆下的 6 m 立杆靠在安全通道内侧靠建筑物一侧架体上,导致架体一侧受力过大。

(4)现场运送钢管的卡车倒车时,车斗内伸出的钢管撞到架体,导致架体向外侧倒塌。

(a)

(b)

图 3.2　某市某建筑外立面装修工程模板支撑架坍塌事故现场

(案例引自《中国政府网》)

## 3.2.3　典型事故案例 3

2020 年,某市某业务楼的天面构架模板支撑架发生坍塌事故,造成 8 人死亡,1 人受伤,事故直接经济损失共约 1 163 万元,事故现场如图 3.3 所示。

(a)

(b)

图 3.3　某市某业务楼的天面构架模板支撑架坍塌事故现场

(案例引自《中国政府网》)

**1. 事故的直接原因**

(1)违规直接利用外脚手架作为模板支撑体系,且该支撑体系未增设加固立杆,也没有与已经完成施工的建筑结构形成有效的拉结。

(2)天面构架混凝土施工工序不当。未按要求先浇筑结构柱,待其强度达到75%及以上后,再浇筑屋面构架及挂板混凝土,且未设置防止天面构架模板支撑架侧翻的可靠拉撑。

**2. 事故的间接原因**

(1)涉事施工企业安全生产主体责任严重缺失,违法违规建设经营,施工管理混乱,并且施工工程层层违法转包、分包给没有相关证照和资质的个人。

(2)公司主要负责人和有关安全管理人员没有到施工现场履行管理职责,只派出实习生到施工现场收集资料。

(3)未进行图纸会审,未取得《建筑工程施工许可证》而先行开工。

### 3.2.4 典型事故案例4

2020年,某市某项目施工工程发生模板支撑架坍塌事故,造成6人死亡,5人受伤,事故现场如图3.4所示。

(a)

(b)

图 3.4 某市某项目模板支撑架坍塌事故现场
(案例引自《新浪网》)

事故的主要原因如下。

(1)门房高模板支撑体系未按施工方案要求搭设。梁支架沿梁跨方向缺失一排立杆,使得立杆间距超过设计间距的2倍,因此梁支架稳定性不符合设计荷载的要求,门房高模板支撑体系经安装验收不符合要求。

(2)现场浇筑不符合专项施工方案中对称浇筑的要求,在洞口建筑斜屋面上采用不对称浇筑。不对称浇筑产生的附加弯矩增加了梁支座立杆压力,导致该处梁支座的稳定性不满足设计要求。

(3)对高模板支撑系统脚手架材料(钢管、扣件、可调托撑)进行现场抽样检查发现,脚手架部分材料不符合规范要求,导致脚手架承载力和稳定性低于专项方案设计预期。

## 3.2.5 典型事故案例 5

2017年,某市某项目综合楼穹顶模板支撑架坍塌,造成9人死亡,6人受伤,事故现场如图3.5所示。

事故的主要原因如下。
(1)杆件间的间距过大。
(2)未按要求设置剪刀撑。
(3)未设置扫地杆。
(4)架体多处未设置水平杆,无法形成主节点。
(5)架体未与主体结构进行有效连接。

图 3.5 某市某项目综合楼穹顶模板支撑架坍塌事故现场
(案例引自《中国新闻网》)

## 3.2.6 典型事故案例 6

2015年,某市某工程模板支撑系统发生坍塌,造成4人死亡,2人受伤,事故现场如图

3.6 所示。

事故的主要原因如下。

(1)专业施工方案过于简单,编制深度不足,对可能出现的施工问题没有给予详细应对措施,对设计计算与实际不符、施工措施及技术交底等细节只有简略描述。

(2)模板支撑架搭设不规范,未按高大模板技术要求设置水平和竖向剪刀撑。

(3)架体步距偏大,未与周围结构进行可靠连接。

(4)地面不平,未按标准要求设置垫板和底座。

(5)钢管壁厚不足,质量不达标。

上述原因造成架体整体刚度不足。

(a)

(b)

图 3.6 某市某工程模板支撑架坍塌事故现场
(案例引自《中国网》)

### 3.2.7 典型事故案例 7

2015 年,某在建大楼工程发生模板支撑架坍塌事故。事故发生时正在进行混凝土浇筑,因此造成了较为严重的后果,导致 7 人死亡,8 人受伤,事故现场如图 3.7 所示。

事故的主要原因如下。

(1)施工单位未按规定对模板支撑架专项施工方案进行专家论证,违反相关安全技术规程随意搭设模板支撑架。

(2)现场实测钢管壁厚及扣件等材质严重不合格。

(3)混凝土浇筑的顺序错误。

(4)建设单位不履行基本建设程序,主体责任不清,施工现场质量安全管理混乱以及监理履职不到位。

(5)工程在质量安全管理和建筑市场方面还存在一些违法违规行为。

(a)                          (b)

图 3.7　某在建大楼工程模板支撑架坍塌事故现场
（案例引自《中国政府网》）

### 3.2.8　典型事故案例 8

2014 年，某市某工程发生一起模板支撑架坍塌事故，造成 5 人死亡，9 人受伤，事故现场如图 3.8 所示。

事故的主要原因如下。

(1)施工方未编制模板支撑架专项施工方案、也未按相关安全技术规程进行搭设、混凝土浇筑的顺序错误、隐患出现时补救方法不当、主要材料材质严重不合格是事故发生的主要原因。

(2)建设单位肢解发包工程、施工现场质量安全管理混乱、监理形同虚设是事故发生的重要原因。

(a)                          (b)

图 3.8　某市某工程模板支撑架坍塌事故现场
（案例引自《安全管理网》）

### 3.2.9 典型事故案例 9

2010年,某市某项目工地发生碗扣式模板支撑架垮塌事故,造成 7 人死亡,19 人受伤,事故现场如图 3.9 所示。

事故的主要原因如下。

(1)施工单位未按设计方案搭设模板支撑体系,致使支撑体系不稳定。

(2)工人未经验收就违章施工、浇捣混凝土。

(3)监管不力,相关单位没有严把方案验收关和过程管理监督关。

(a) (b)

图 3.9　某市某项目工地模板支撑架垮塌事故现场

(案例引自《搜狐新闻》)

## 3.3 碗扣式钢管脚手架的事故原因分析

通过对已有脚手架事故案例进行详细分析,可知模板支撑架和脚手架坍塌的原因主要为:设计原因、施工原因及管理原因。下面针对每一类事故原因进行详细阐述分析。

### 3.3.1 设计原因

模板支撑架和脚手架坍塌最重要的原因是架体没有严格按照规范的构造要求进行搭设,缺少必要的钢管杆件,结果造成架体稳定性差,承载力大幅度下降。模板系统包括面板、次楞、主楞、可调托撑、钢管模板支撑架、底座、垫板和地基。模板支撑架正确的构造搭设要求为中部的钢管模板支撑架应该由竖向的立杆、双向设置的水平杆、竖向剪刀撑、水平剪刀撑等杆件通过扣件、碗扣或承插节点组成。施工现场的架体在构造上的常见缺陷有以下几种:(a)缺少剪刀撑;(b)缺少扫地杆;(c)缺少顶层水平杆;(d)单向设置水平杆;(e)缺少连墙件拉结;(f)立杆结构处理错误。

**1. 剪刀撑设置**

不设置剪刀撑或剪刀撑设置不正确会大大降低模板支撑架的稳定性,是造成模板支撑架坍塌的最重要原因之一。既有工程经验和相关研究表明,不设置剪刀撑的脚手架和支撑架体的承载力可能会下降30%～60%。此外,所设置的剪刀撑应与架体紧密扣接,否则难以起到相应的支撑作用。因此,想要确保和提高脚手架与支撑架的施工使用安全,一定要设置剪刀撑,同时确保剪刀撑与支撑架体紧密扣接。图3.10所示为某寺院模板支撑架坍塌事故现场。该脚手架搭设过程中,未按要求设置剪刀撑,导致架体整体刚度不足,是造成这起事故的主要原因之一。

图3.10 某寺院模板支撑架坍塌事故现场
(案例引自《搜狐网》)

图3.11为剪刀撑设置示意图,剪刀撑的设置要求有以下几点。

(1)模板支撑架外围应连续设置竖向剪刀撑。

(2)模板支撑架内部每隔3～6跨设置连续竖向剪刀撑,剪刀撑宽度为3～6跨,普通模板支撑架剪刀撑的宽度与间距不应大于8 m,高大模板支撑架剪刀撑的宽度与间距不应大于5 m,当间距过大时,剪刀撑的承载力会大大降低。

(3)剪刀撑应与立杆或水平杆通过旋转扣件连接,剪刀撑的长细比不应大于250。

(4)当模板支撑架的高度达到或超过3倍步距时,支架顶应设置一道水平剪刀撑,扫地杆处宜设置水平剪刀撑,水平剪刀撑的间距不应大于6 m,且不大于6步。

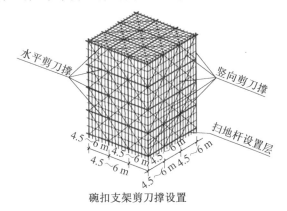

图3.11 剪刀撑设置示意图
(案例引自《搜狐网》)

图3.12所示为某会展中心模板支撑架坍塌事故现场。在该脚手架搭设过程中,剪刀撑与支撑架架体并未进行可靠连接,因而未起到应有的支撑作用。此外,在设置剪刀撑

时,应确保剪刀撑的长细比不大于250。同时,还要确保剪刀撑的间距不应过大,剪刀撑的间距过大也会大大降低架体的承载力。图 3.13 所示为某机场的模板支撑架坍塌事故现场。剪刀撑宽度达到 11 跨(9.9 m),架体的刚度和承载力不足,剪刀撑的宽度与间距过大是造成该架体坍塌事故的主要原因之一。

图 3.12 某会展中心模板支撑架坍塌事故现场
(案例引自《搜狐新闻》)

图 3.13 某机场的模板支撑架坍塌事故现场
(案例引自《中国青年报》)

**2. 扫地杆设置**

JGJ 166—2016《建筑施工碗扣式钢管脚手架安全技术规范》规定,在碗扣式脚手架立杆底,沿纵横水平方向应设置扫地杆,若施工地面标高有变化,则可增设扣件式钢管作为扫地杆。不设置扫地杆的架体,其稳定性大大降低,经计算,架体的承载力下降 60%~70%。图 3.14 为某模板支撑架坍塌事故现场,未按要求设置扫地杆是造成事故的主要原因之一。

图 3.14 某模板支撑架坍塌事故现场
(案例引自《中国新浪网》)

**3. 顶层水平杆的设置**

JGJ 166—2016《建筑施工碗扣式钢管脚手架安全技术规范》规定,碗扣式钢管支架顶层水平杆中心线至支撑点的距离不应大于 65 cm。图 3.15 所示为某工程的模板支撑架坍塌事故现场,立杆顶伸出水平杆长度过大是造成这起事故的主要原因之一。立杆顶伸出水平杆的长度过大时,会引起顶部立杆段的局部失稳。

(a) (b)

图 3.15 某工程的模板支撑架坍塌事故现场

(案例引自《知乎(林语)》)

**4. 水平杆的双向设置**

JGJ 130—2011《建筑施工扣件式钢管脚手架安全技术规范》规定,所有水平杆均应双向设置且纵横向水平杆均与立杆连接,扣件式脚手架的纵横水平杆的间距不应大于 15 cm。图 3.16 所示为某市某工程的模板支撑架坍塌事故现场,单向设置水平杆造成架体稳定性和承载力下降是这起事故的主要原因之一。水平杆不与立杆连接同样会降低支架的承载力。

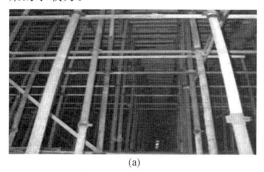 

(a) (b)

图 3.16 某市某工程的模板支撑架坍塌事故现场

(案例引自《安全管理网》)

**5. 连墙件设置**

脚手架应设置连墙件与建筑结构连接,不按规范设置连墙件是造成外墙脚手架坍塌的最重要的原因,90%外墙脚手架坍塌均与连墙件缺失或设置不规范直接相关。图 3.17

所示为某市的一起外墙脚手架坍塌事故现场,事故的主要原因是没有按规定设置连墙件。JGJ 130—2011《建筑施工扣件式钢管脚手架安全技术规范》中详细规定了外墙脚手架连墙件的设置要求,必须严格遵守连墙件布置的最大间距要求(表3.1)。

图 3.17 某市的一起外墙脚手架坍塌事故现场
(案例引自《东方卫视》)

表 3.1 连墙件布置的最大间距

| 搭设方法 | 高度 | 竖向间距 | 水平间距 | 每根连墙件覆盖面积/m² |
|---|---|---|---|---|
| 双排落地 | ≤50 m | $3h$ | $3l_a$ | ≤40 |
| 双排悬挑 | >50 m | $2h$ | $3l_a$ | ≤27 |
| 单排 | ≤24 m | $3h$ | $3l_a$ | ≤40 |

注:$h$ 为步距,$l_a$ 为纵距。

对用密目网全封闭的外墙脚手架(图3.18),一般按不低于两步三跨的要求设置连墙件。对于图3.19所示的模板支撑架,当有既有结构时,模板支撑架均应与既有结构连接,竖向连接间距不超过两步,水平方向连接间距不超过 8 m,有柱时,应采取抱柱连接措施,当模板支撑架高度超过 5 m 时,不应采用梁板柱混凝土一起浇筑的方式。

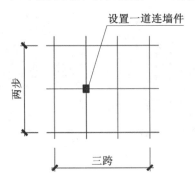

图 3.18 密目网全封闭的外墙脚手架连墙件

**6. 立杆的接长方式**

扣件式立杆采用对接连接时,连接立杆没有偏心,传力明确,可大大提高架体承载力,而搭接连接会产生较大的偏心荷载,易造成倒塌事故。所以JGJ 130—2011《建筑施工扣件式钢管脚手架安全技术规范》规定,扣件式立杆应采用对接连接,立杆对接接头应错开,

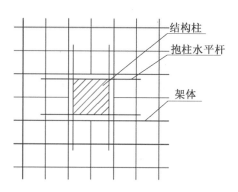

图 3.19 架体与抱柱连墙件连接

相邻立杆接头不应在同步内,同步内隔一根立杆的对接接头宜错开不小于 500 mm,各接头中心至主节点的距离不宜大于步距的 1/3。立杆接头处往往是架体的薄弱位置,很多坍塌事故都是从这里发生的,接头的处理确实应该引起施工人员的重视,图 3.20 所示接头不错开的连接方式是应该避免的。同理,碗扣式立杆接头不错开,也会出现薄弱位置。

图 3.20 立杆接长方式导致的坍塌事故现场
(图例引自《搜狐网》)

此外,严禁采用上下段立杆错开固定在水平杆上的接长方式,如图 3.21 所示。

图 3.21 上下段立杆错开固定在水平杆的接长方式
(图例引自《搜狐网》)

### 3.3.2 施工原因

**1. 钢管厚度不足**

JGJ 166—2016《建筑施工碗扣式钢管脚手架安全技术规范》规定,碗扣式模板支撑架应采用外径 48 mm、壁厚 3.5 mm 的钢管,壁厚允许偏差在 10% 左右,但施工现场很多钢管的壁厚在 3 mm 以下,钢管的承载力与其截面积直接相关,壁厚 2.9 mm 的钢管的承载力下降约 1/5,表 3.2 为碗扣式钢管壁厚与截面积的百分比(以标准壁厚为基准)。

表 3.2 碗扣式钢管壁厚与截面积的百分比

| 钢管壁厚/mm | 截面积/cm² | 百分比 |
| --- | --- | --- |
| 3.5 | 4.926 | 100% |
| 3.2 | 4.534 | 92% |
| 2.9 | 4.136 | 84% |
| 2.6 | 3.733 | 76% |
| 2.3 | 3.324 | 67% |
| 2.0 | 2.909 | 59% |

**2. 剪刀撑扣件强度不足**

碗扣式支架剪刀撑搭设仍需借助扣件螺栓,所以扣件螺栓也关乎碗扣式支撑架的安全。然而,扣件的问题更加突出,主要表现为以下几个方面。

施工现场所用扣件缺斤短两现象严重,一个标准的旋转扣件应该在 1.1 kg 以上,但模板支撑架和脚手架上所用扣件大都在 0.7~0.9 kg,这样的扣件强度低,更容易变形、断裂。

GB/T 15831—2023《钢管脚手架扣件》规定,扣件应采用可锻铸铁或铸钢制作,但在实际施工现场,很多铸铁扣件在承受外力时容易发生脆断而引发坍塌事故。图 3.22 所示为不合格的扣件清理现场,图 3.23 所示是坍塌事故现场断裂的劣质扣件残片,图 3.24 所示是坍塌事故现场断裂的劣质对接构件。此外,扣件螺栓的拧紧扭力矩不应小于 40 N·m 且不得大于 65 N·m,扣件螺栓拧紧扭力矩测量仪如图 3.25 所示。据调查,施工现场的扣件普遍存在拧不紧的情况,基本在 8~20 N·m,若扣件螺栓拧不紧,则架体容易发生变形,增大了坍塌的概率。

图 3.22　不合格的扣件清理现场
（图例引自《美篇网》）

图 3.23　坍塌事故现场断裂的劣质扣件残片
（图例引自《筑龙学社网》）

图 3.24　坍塌事故现场断裂的劣质对接构件
（图例引自《筑龙学社网》）

图 3.25　扣件螺栓拧紧扭力矩测量仪
（图例引自《搜狐网》）

为避免坍塌,应保证做到以下几点:(a)拒绝使用材质与质量不达标的扣件。扣件进入施工现场应检查生产合格证,并应进行抽样复试,技术性能应符合现行标准 GB/T 15831—2023《钢管脚手架扣件》的规定;(b)扣件在使用前应进行外观检查,有裂缝、变形、螺栓出现滑丝的严禁使用;(c)扣件必须扭紧,应安排专人检查,重点检查梁底水平杆与立杆连接处等关键部位。

**3. 可调托撑强度不足**

JGJ 166—2016《建筑施工碗扣式钢管脚手架安全技术规范》规定,可调托撑螺杆的伸出长度不应超过 300 mm,插入立杆内的长度不应小于 150 mm,可调托撑螺杆外径应不低于 36 mm,托板厚度不小于 5 mm(图 3.26)。

图 3.26 可调托撑螺杆的伸出长度要求
(图例引自《搜狐网》)

施工现场的可调托撑普遍存在螺杆细的情况,大多在 24～30 mm,托板薄,大多为 3 mm;伸出长度过长、上部托梁为单钢管会产生偏心荷载等问题。如图 3.27 所示,可调托撑螺杆的伸出长度过长,这会大大降低可调托撑的强度,特别是用于梁底部、立杆顶部的可调托撑,在梁荷载较大时,容易发生失稳破坏。

图 3.27 可调托撑螺杆的伸出长度过长
(图例引自《搜狐网》)

**4. 脚手架超载**

模板支撑架和脚手架上的施工荷载应符合设计要求,严禁超载(图 3.28)。支撑结构严禁与起重机械设备、施工脚手架等连接;浇筑混凝土时,应安排人员及时振捣摊开混凝土,避免出现堆积(图 3.29)。JGJ 130—2011《建筑施工扣件式钢管脚手架安全技术规范》规定,装修阶段,外墙脚手架上的施工荷载不应超过 2 kN/m$^2$(图 3.30),即 200 kg/m$^2$。图 3.31 所示为某省的一起脚手架坍塌事故现场,事故原因主要是工人将拆下的废弃物堆积在脚手架上,堆积物过于沉重,加上砸墙时引发脚手架晃动,因此脚手架被压塌。

图 3.28　起重机械设备超载

(图例引自《澎湃新闻网》)

图 3.29　未及时摊开混凝土

(图例引自《搜狐网》)

图 3.30　外墙脚手架最大荷载示意图

(图例引自《筑龙学社网》)

图 3.31　某省的一起脚手架坍塌事故现场

(图例引自《中国新闻网》)

**5. 地基承载力不足**

架体下地基土应夯实整平,并应做好排水设施(图3.32);立杆下应设置底座和垫板,垫板要求具有足够的支撑面积,且中心承载回填土地基的压实系数应符合设计要求。

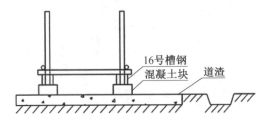

图3.32 地基夯实与排水措施示意图

架体下的地基承载力不满足要求时,应采用混凝土垫层或打桩等加固措施。图3.33所示为某模板支撑架坍塌事故现场,模板支撑体系搭建在松软沙砾土层上,不满足承载力要求,是事故的主要原因之一。

图3.33 某模板支撑架坍塌事故现场
(图例引自《新华网》)

## 3.3.3 管理原因

2018年住房城乡建设部颁发了《危险性较大的分部分项工程安全管理规定》(中华人民共和国住房和城乡建设部令第37号),文件规定了模板工程和脚手架工程属于危险性较大的分部分项工程,必须加强管理,并做出了以下规定。

(1)危险性较大的分部分项工程施工前必须编制专项方案。专项方案应包括施工工艺与安全保证措施、计算书和图纸等内容。

(2)专项方案应当由施工总承包单位组织技术安全人员编制,编制后由施工单位技术部门组织本单位施工技术、安全、质量等部门的专业技术人员进行审核。经审核合格的,由施工单位技术负责人签字审批。

(3)专项方案经施工单位审核合格后报监理单位,由项目总监理工程师审核签字,并列入监理规划和监理实施细则。

(4)专项方案经审批后,方可组织实施。

(5)专项方案实施前,编制人员或项目技术负责人应当向现场管理人员和作业人员进行安全技术交底。

(6)项目专职安全生产管理人员应当对专项施工方案实施情况进行现场监督,对未按照专项施工方案施工的,应当要求立即整改,并及时报告项目负责人,项目负责人应当及时组织限期整改;发现有危及人身安全紧急情况的,应当立即组织作业人员撤离危险区域。

(7)危险性较大的分部分项工程施工完毕后,施工单位、监理单位应当组织有关人员进行验收。验收合格的,经施工单位项目技术负责人及项目总监理工程师签字后,方可进入下一道工序。

(8)对于超过一定规模的危大工程,施工单位应当组织召开专家论证会对专项施工方案进行论证;实行施工总承包的,由施工总承包单位组织召开专家论证会;专家论证前,专项施工方案应当通过施工单位审核和总监理工程师审查。

(9)专家论证会后,应当形成论证报告,对专项施工方案提出通过、修改后通过或者不通过的一致意见。专家对论证报告负责并签字确认。

(10)对于按照规定需要进行第三方监测的危大工程,建设单位应当委托具有相应勘察资质的单位进行监测;监测单位应当编制监测方案。监测方案由监测单位技术负责人审核签字并加盖单位公章,报送监理单位后方可实施。

## 3.4 碗扣式钢管脚手架事故的工程应对

### 3.4.1 设计方面

(1)具体设计应具体分析,不应图方便快捷进行套图设计计算,甚至只靠经验不计算;对有些常用经验参数,一定要及时与施工现场校核。

(2)设计计算不应犯低级错误,力学分析一定要明确,避免复合受力,遇到复合受力时,不可随意简单简化,应配合计算机辅助有限元软件计算分析。

(3)设计计算应经济合理,并对施工现场的可用材料有所了解,设计时要考虑施工方的成本和管理,在保证安全的前提下,节约一定的成本,但应有一定的冗余度来预防突发情况。

### 3.4.2 施工方面

(1)遇到施工难题应及时与设计方沟通,杜绝"拍脑袋"施工。

(2)设计方的施工图不应偷工减料,杜绝为节约成本或"省事"违规操作。

### 3.4.3 管理方面

(1)模板支撑架必须按照《危险性较大的分部分项工程安全管理规定》要求编制专项方案并进行专家论证,经审批后方可实施。

(2)支架搭设时,必须严格按照经审批的方案和技术交底要求搭设,对实施作业过程有效管控,做好过程检查记录。

(3)搭设完毕后,必须验收合格后方可进入下一道工序。

# 第4章 碗扣式钢管脚手架的典型工程实例

## 4.1 概述

碗扣式钢管脚手架被广泛应用于公路桥梁现浇主梁施工中,其设计和计算也受现浇主梁的形式影响。其中,用于现浇箱梁施工的脚手架设计要比现浇板梁施工的脚手架设计复杂得多,这主要是因为箱梁比板梁的结构形式更为复杂,箱梁的空腔及斜腹板的倾斜程度导致传递下来的荷载分布不均匀,因此在现浇箱梁施工中的脚手架设计时,要考虑截面荷载区。鉴于上述,本章介绍了两个现浇箱梁施工的脚手架设计作为工程实例。考虑箱梁多样性因素,案例截面分别为现浇单箱梁和现浇π型梁。

工程实例1为某公路桥工程现浇连续梁支架的设计。该案例的选择基于三点考虑:

(1)脚手架的材料现场采购,确保了钢管、模板、方木等的质量能够满足规范验收要求。

(2)施工环境可能出现(十年一遇)的大风天气,设计中考虑了在支架搭设完成而混凝土尚未浇筑条件下的横向风荷载作用。

(3)现浇梁为单箱双室,碗扣式脚手架设计流程较全,可作为后续设计计算的模板。

工程实例2为某转体桥工程现浇主梁0♯块支架设计。该案例的选择基于两点考虑:

(1)现场采用的脚手架材料的质量参差不齐,钢管壁厚有损耗,模板、方木的质量较差,造成设计中所采用的材料力学参数仅能笼统采用工程经验值(其值低于材料设计值),因此钢管截面尺寸参数按实际测量结果进行赋值。

(2)现浇梁为π型异形梁,可为工程设计人员如何设计异形截面梁碗扣式钢管脚手架提供思路。

## 4.2 工程实例1:某公路桥现浇连续梁支架设计

### 4.2.1 工程概况

某公路桥引桥采用3 m×30 m现浇连续箱梁,箱梁采用单箱双室,墩高5.5~10 m,墩号为0♯~3♯。本脚手架设计范围为全部引桥,箱梁的结构形式及其施工设计分区分段,参照图4.1。箱梁计算截面的主要参数见表4.1。

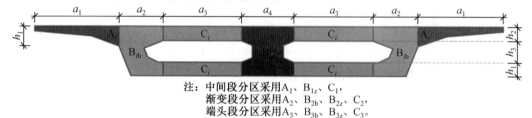

注:中间段分区采用$A_1$、$B_{1z}$、$C_1$,
渐变段分区采用$A_2$、$B_{2b}$、$B_{2z}$、$C_2$,
端头段分区采用$A_3$、$B_{3b}$、$B_{3z}$、$C_3$。

图4.1 横向分块示意图(箱梁)

表 4.1 箱梁计算截面的主要参数　　　　　　　　　　　　　　　　mm

| 部位 | $a_1$ | $a_2$ | $a_3$ | $a_4$ | $h_1$ | $h_2$ | $h_3$ | $h_4$ | $h_2+h_4$ | $h_2+h_3+h_4$ |
|---|---|---|---|---|---|---|---|---|---|---|
| 中间段 | 3 000 | 1 503 | 2 879 | 1 700 | 800 | 280 | 1 480 | 240 | 520 | 2 000 |
| 渐变段 | 3 000 | 1 567 | 2 763 | 1 842 | 800 | 580 | 870 | 550 | 1 130 | 2 000 |
| 端头段 | 3 000 | 10 500 | 10 500 | 10 500 | 800 | — | 0 | — | 2 000 | 2 000 |

## 4.2.2 计算依据及设计方法

**1. 设计条件**

(1) 风速。

设计风速为 13.8 m/s(6级);当地十年一遇最大风速为 24.0 m/s。

(2) 地质条件。

设计场地地质纵断面图如图 4.2 所示,相应的岩土层承载力标准值见表 4.2。

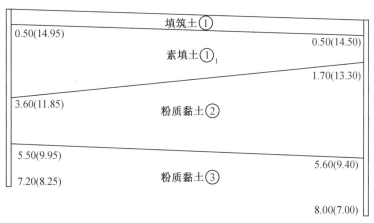

图 4.2　设计场地地质纵断面图

表 4.2　岩土层承载力标准值

| 时代成因 | 地层代号 | 岩土名称 | 承载力标准值/kPa |
|---|---|---|---|
| $Q_4^{al}$ | ① | 填筑土 | 50 |
| | ①$_1$ | 素填土 | 70 |
| | ② | 粉质黏土 | 100 |
| | ③ | 粉质黏土 | 150 |

注:$Q_4^{al}$ 表示为第四系全新统($Q_4$)冲积层(al)。

(3) 甲方要求采用的架体搭设周转材料。

架体搭设周转材料表见表 4.3。

**2. 结构布置**

现浇连续梁脚手架架体采用 Q235 碗扣式钢管脚手架,立杆横纵间距和步距按照不同区段块体进行设置(表 4.4),并通过可调托撑和可调底托进行高度调整;架体底端可调底托直接置于 C20 混凝土基础上,顶端可调托撑上搭设模板体系工字钢纵肋;利用 Q235 碗扣式钢管脚手架作为水平、横纵向剪刀撑以保证架体的整体稳定性,立杆布置示意图如图 4.3 所示。

表 4.3 架体搭设周转材料表

| 序号 | 材料名称 | 型号 | 数量 | 用途 |
|---|---|---|---|---|
| 1 | 竹胶板 | $\delta = 15$ mm | 不限 | 底模板 |
| 2 | 方木 | 100 mm×100 mm | 不限 | 横肋 |
| 3 | 工字钢 | I10 | 不限 | 纵肋 |

表 4.4 立杆钢管参数表

| 部位 | 纵距 $l_a$ /mm | 横距 $l_b$/mm | | | | 最大步距 $h$ /mm | 备注 |
|---|---|---|---|---|---|---|---|
| | | $A_i$ ($n_1$) | $B_i$ | | $C_i$ ($n_3$) | | |
| | | | $B_{ib}$ ($n_2$) | $B_{iz}$ ($n_4$) | | | |
| 端头段 | 600 | 900(5) | 300(34) | 300(34) | 300(34) | 1 200 | $\phi 48.3$ mm×3.5 mm |
| 渐变段 | 600 | 900(5) | 300(3) | 300(4) | 600(6) | 1 200 | $\phi 48.3$ mm×3.5 mm |
| 中间段 | 600 | 900(5) | 300(3) | 300(4) | 600(6) | 1 200 | $\phi 48.3$ mm×3.5 mm |

注:A、B、C 三个分区的下角标 $i$ 表示箱梁纵向分段号,中间段 $i$ 取 1,渐变段 $i$ 取 2,端头段 $i$ 取 3,B 分区下角标 b 表示边腹板,下角标 z 表示中腹板;$n$ 表示为每个分区的立杆横向间距数量,$n$ 的下角标 1 为翼缘区、2 为边腹板区、3 为顶底板区、4 为中腹板区;如 $B_{iz}(n_4)$ 代表中腹板 $B_{iz}$ 区放置 $n_4$ 个间距横距为 $l_b$ 的立杆;下表中涉及相同符号均按此注。

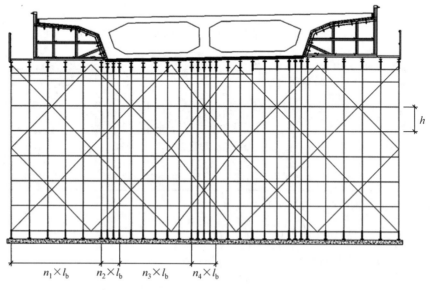

图 4.3 立杆布置示意图

现浇连续梁模板体系中的底模板采用竹胶板,其下横纵肋分别为方木和工字钢,模板厚度和纵横肋间距根据不同区段块体进行设置(表4.5～4.7);外模采用桁架式大块钢模板,内模采用整体木制箱式结构。

表4.5 竹胶板参数表

| 部位 | 厚度$t$/mm | 跨度$L_1$/mm | 备注 |
| --- | --- | --- | --- |
| 端头段 | 15 | 200 | TC15 |
| 渐变段 | 15 | 200 | TC15 |
| 中间段 | 15 | 200 | TC15 |

表4.6 方木参数表

| 部位 | 分区 | 间距$L_1$/mm | 跨度$L_2$/mm | 备注 |
| --- | --- | --- | --- | --- |
| 端头段 | $B_1$ | 200 | 300 | 100 mm×100 mm |
|  | $C_1$ |  | 600 |  |
|  | $A_1$ |  | 900 |  |
| 渐变段 | $B_1$ | 200 | 300 | 100 mm×100 mm |
|  | $C_1$ |  | 600 |  |
|  | $A_1$ |  | 900 |  |
| 中间段 | $B_1$ | 200 | 300 | 100 mm×100 mm |
|  | $C_1$ |  | 600 |  |
|  | $A_1$ |  | 900 |  |

表4.7 工字钢参数表

| 构件 | 部位 | 跨度$l_a$/mm | 间距$L_2$/mm | | | | 备注 |
| --- | --- | --- | --- | --- | --- | --- | --- |
|  |  |  | $A_i$ | $B_i$ | | $C_i$ |  |
|  |  |  |  | $B_{ib}$ | $B_{iz}$ |  |  |
| 工字钢 | 端头段 | 600 | 900 | 300 | 300 | 300 | I10 |
|  | 渐变段 | 600 | 900 | 300 | 300 | 600 | I10 |
|  | 中间段 | 600 | 900 | 300 | 300 | 600 | I10 |

**3. 设计检算**

(1)设计依据。

①引桥图纸(设计院相关图纸)。

②现场实际情况及甲方要求。

③主要适用标准、规范。

a. JGJ 166—2016《建筑施工碗扣式钢管脚手架安全技术规范》。

b. GB 50009—2012《建筑结构荷载规范》。

c. GB 50068—2018《建筑结构可靠性设计统一标准》。

d. GB 50017—2017《钢结构设计标准》。

e. GB 50005—2017《木结构设计标准》。

f. JGJ 162—2008《建筑施工模板安全技术规范》。

(2)计算方法。

依据 JGJ 166—2016《建筑施工碗扣式钢管脚手架安全技术规范》5.1.1 条规定,结构设计应采用以概率理论为基础的极限状态设计法,用分项系数的设计表达式进行计算。由于按承载力极限状态设计,依据 GB 50068—2018《建筑结构可靠性设计统一标准》8.2.9 条规定,永久荷载分项系数 $\gamma_G$ 由 1.2 调整为 1.3;可变荷载分项系数 $\gamma_Q$ 由 1.4 调整为 1.5。

(3)材料特性。

材料参数表见表 4.8,碗扣支架钢管截面特性见表 4.9。

表 4.8 材料参数表

| 材料名称 | 材质 | 弹性模量/MPa | 抗拉、抗压、抗弯设计值/MPa | 密度/(kg·m$^{-3}$) | 备注 |
|---|---|---|---|---|---|
| 碗扣支架纵肋 I10 | Q235 | $2.06 \times 10^5$ | $f=205$ | 7 850 | 方木主要采用花旗松和铁杉,属于 TC14-A |
| 横肋方木 100 mm×100 mm | TC14-A | 10 000 | $f=15$ | 685 | |
| 竹胶板 | 覆面竹胶合板(5层) | 9 898 | $f=35$ | | |
| 混凝土 | C20 | $2.55 \times 10^4$ | $f_c=9.6$ | 2 354 | |

表 4.9 碗扣支架钢管截面特性

| 型号 | 单位质量/(kg·m$^{-1}$) | 截面积 $A$/cm$^2$ | 截面惯性矩 $I$/cm$^4$ | 截面模量 $W$/cm$^3$ | 截面回转半径 $i$/cm |
|---|---|---|---|---|---|
| $\phi$48.3 mm×3.5 mm | 3.867 | 4.93 | 12.43 | 5.15 | 1.59 |
| I10 | 11.2 | 14.3 | 245 | 49 | 4.14 |
| $t=15$ mm 竹胶板 | — | — | 28.125 | 37.5 | — |
| 100 mm×100 mm 方木 | — | 100 | 833.33 | 166.67 | — |

(4)设计指标。

模板支撑架受弯构件、悬挑受弯杆件(包括模板支撑架的主次楞和模板)的容许挠度为 $L/400$,其中,$L$ 为受弯构件的计算跨度,对悬挑构件,则为其悬伸长度的 2 倍。

### 4.2.3 荷载取值

**1. 荷载分析**

(1)永久荷载。

设计考虑的永久荷载包括:①架体结构自重 $G_{k1}$,包括:立杆、水平杆、斜杆、剪刀撑、可调托撑和配件的自重,按表 4.10 取值;②$G_{k21}$ 表示模板及支撑梁的自重,包括:箱梁内模、底模、内模支撑及外模支撑荷载,按均布荷载计算,取 2.5 kN/m²;③$G_{k22}$ 表示作用在模板上的混凝土和钢筋的自重,其中,新浇混凝土的密度取 26 kN/m³(含钢筋等),箱梁自重荷载按表 4.11 取值。

表 4.10  架体结构自重 $G_{k1}$                                kN/m²

| 分区 | 中间段 | | | 渐变段 | | | 端头段 | | |
|---|---|---|---|---|---|---|---|---|---|
| | $l_a$/m | $l_b$/m | $G_{k1}$ | $l_a$/m | $l_b$/m | $G_{k1}$ | $l_a$/m | $l_b$/m | $G_{k1}$ |
| $B_i$ | | 0.3 | 5.30 | | 0.3 | 5.30 | | 0.3 | 5.30 |
| $C_i$ | 0.6 | 0.6 | 1.77 | 0.6 | 0.6 | 1.77 | 0.6 | 0.3 | 1.77 |
| $A_i$ | | 0.9 | 1.18 | | 0.9 | 1.18 | | 0.9 | 1.18 |

注:此表需根据项目初次拟定立杆间距来大致估算架体结构自重;初次拟定设计的 $G_{k1}$ 取 0 kN/m² 即可。

表 4.11  箱梁自重荷载 $G_{k22}$

| 分区 | 中间段 | | 渐变段 | | 端头段 | |
|---|---|---|---|---|---|---|
| | 厚度/m | $G_{k22}$/(kN·m⁻²) | 厚度/m | $G_{k22}$/(kN·m⁻²) | 厚度/m | $G_{k22}$/(kN·m⁻²) |
| 腹板($h_2+h_3+h_4$) | 2.00 | 52.00 | 2.00 | 52.00 | 2.00 | 52.00 |
| 顶板+底板($h_2+h_4$) | 0.53 | 13.78 | 1.13 | 29.38 | 2.00 | 52.00 |
| 翼缘板($h_1$) | 0.80 | 20.80 | 0.80 | 20.40 | 0.80 | 20.80 |

(2)可变荷载。

设计考虑的可变荷载包括施工荷载 $Q_{k1}$ 和风荷载 $Q_W$。其中,$Q_{k1}$ 包括:施工作业人员、施工材料和机具荷载 $Q_{k11}$,一般浇筑工艺取 2.5 kN/m²(依据 JGJ 166—2016《建筑施工碗扣式钢管脚手架安全技术规范》4.2.5 条)、浇筑混凝土时产生的冲击荷载 $Q_{k12}$ 取 2.0 kN/m²、浇筑及振捣混凝土时产生的荷载 $Q_{k13}$ 取 2.0 kN/m²($Q_{k12}$、$Q_{k13}$ 取值依据 JGJ 162—2008《建筑施工模板安全技术规范》4.1.2 条),以及超过浇筑构件厚度的混凝土料堆放荷载 $Q_{k14}$。施工荷载 $Q_{k1}$ 可按式(4.1)计算得 6.5 kN/m²:

$$Q_{k1}=Q_{k11}+Q_{k12}+Q_{k13}+Q_{k14} \tag{4.1}$$

风荷载 $Q_W$ 按式(4.2)计算:

$$Q_W=\mu_s\mu_z\omega_0 \tag{4.2}$$

式中 $\mu_s$——风荷载体型系数,依据 JGJ 166—2016《建筑施工碗扣式钢管脚手架安全技术规范》表 4.2.6 的规定采用;

$\mu_z$——风压高度变化系数,依据 JGJ 166—2016《建筑施工碗扣式钢管脚手架安全技术规范》附录 B 采用;

$\omega_0$——基本风压值,kN/m²,依据 GB 50009—2012《建筑结构荷载规范》附录 E.5 采用。

获得的风荷载 $Q_W$ 计算结果见表 4.12。其中,考虑两种风荷载作用 $Q_{W1}$ 和 $Q_{W2}$,分别对应十年一遇(风速为 24.0 m/s)和 6 级风速 13.8 m/s 作用,它们对应的 $\omega_0$ 值分别为 0.37 和 0.25。

表 4.12 风荷载计算结果

| 类别 | $\mu_s$ | $\mu_z$ | 类别 | 十年一遇 /(kN·m$^{-2}$) | 6 级风速 /(kN·m$^{-2}$) |
|---|---|---|---|---|---|
| 多榀桁架 $\mu_{stW}$ | 4.6 | | $w_{fk}$ | 1.94 | 1.31 |
| 单榀桁架 $\mu_{st}$ | 1.2 | 1.14 | $w_k$ | 0.51 | 0.34 |
| 模板 $\mu_s$ | 1.3 | | $w_{mk}$ | 0.55 | 0.37 |

注:当地十年重现期基本风压为 0.25 kN/m$^2$;挡风面积 $A_n=0.17$ m$^2$;轮廓面积 $A_w=0.72$ m$^2$;挡风系数 $\Phi=A_n/A_w$,计算得 $\Phi=0.24$。

**2. 荷载工况与组合**

(1)工况分析。

按最不利原则,主要考虑以下工况。

工况一:支架搭设完毕。考虑风速 4.0 m/s 的作用(十年一遇)。

工况二:浇筑混凝土完成,混凝土尚未初凝时的状态。考虑 6 级风速 13.8 m/s 的作用。

(2)荷载组合。

每种工况考虑两种荷载组合形式,即标准组合和基本组合。其中,模板体系的标准组合计算结果用来评价刚度指标,模板支撑架的标准组合计算结果用来评价地基承载力指标;模板体系和模板支撑架的基本组合计算结果用来评价结构强度及稳定性指标。各荷载分项系数取值及各工况的荷载组合见表 4.13。

表 4.13 各荷载分项系数取值及各工况的荷载组合

| | 模板体系 | | $G_{k1}$ | $G_{k21}$ | $G_{k22}$ | $Q_{k1}$ | $Q_{k2}$ | $Q_{W1}$ | $Q_{W2}$ |
|---|---|---|---|---|---|---|---|---|---|
| 工况一 | 基本组合 | 可变荷载控制 | 1.3 | 1.3 | — | — | — | 水平荷载不考虑 | |
| | | 永久荷载控制 | 1.35 | 1.35 | — | — | — | | |
| | 标准组合 | | 1.0 | 1.0 | — | — | — | | |
| 工况二 | 基本组合 | 可变荷载控制 | 1.3 | 1.3 | 1.3 | 1.5 | 1.5 | | |
| | | 永久荷载控制 | 1.35 | 1.35 | 1.35 | 1.5 | 1.5 | | |
| | 标准组合 | | 1.0 | 1.0 | 1.0 | — | — | | |
| | 模板支撑架 | | $G_{k1}$ | $G_{k21}$ | $G_{k22}$ | $Q_{k1}$ | $Q_{k2}$ | $Q_{W1}$ | $Q_{W2}$ |
| 工况一 | 基本组合 | 可变荷载控制 | 1.3 | 1.3 | — | — | — | 1.5 | — |
| | | 永久荷载控制 | 1.35 | 1.35 | — | — | — | 1.5 | — |
| | 标准组合 | | 1.0 | 1.0 | — | — | — | 1.0 | — |
| 工况二 | 基本组合 | 可变荷载控制 | 1.3 | 1.3 | 1.3 | 1.5 | 1.5 | — | 1.5 |
| | | 永久荷载控制 | 1.35 | 1.35 | 1.35 | 1.5 | 1.5 | — | 1.5 |
| | 标准组合 | | 1.0 | 1.0 | 1.0 | 1.0 | 1.0 | — | 1.0 |

## 4.2.4 结构计算

**1. 模板体系**

(1)底模板(竹胶板)。

纵桥向底模板取 $B=1\,000$ mm 宽,按简支跨计算,底模板简化计算模型如图 4.4 所示。

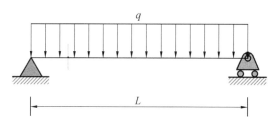

图 4.4 底模板简化计算模型

注:由于底模板(竹胶板)铺设于横肋(方木)之上,所以图中 $L$ 既表示竹胶板跨径 $L_1$,也表示方木间距 $L_1$,$L_1$ 具体参数选取参照表 4.5、表 4.6。

①强度验算。

面荷载 $p_s$ 按两种工况计算。

a. 工况一。

可变荷载控制组合(基本组合)为

$$p_{s,1}=1.3\times(G_{k1}+G_{k21}) \tag{4.3}$$

永久荷载控制组合(基本组合)为

$$p_{s,2}=1.35\times(G_{k1}+G_{k21}) \tag{4.4}$$

b. 工况二。

可变荷载控制组合(基本组合)为

$$p_{s,1}=1.3\times(G_{k1}+G_{k21}+G_{k22})+0.9\times1.5\times Q_{k1} \tag{4.5}$$

永久荷载控制组合(基本组合)为

$$p_{s,2}=1.35\times(G_{k1}+G_{k21}+G_{k22})+1.5\times0.7\times Q_{k1} \tag{4.6}$$

线荷载为

$$q=\gamma_0 M_{\max}(p_{s,1},p_{s,2})B \tag{4.7}$$

式中 $\gamma_0$——重要性系数,$\gamma_0=0.9$。

跨中最大弯矩为

$$M_{\max}=qL_1^2/8 \tag{4.8}$$

弯拉应力为

$$\sigma=M_{\max}/W \tag{4.9}$$

②刚度验算。

面荷载 $p_g$ 按两种工况计算。

工况一的标准荷载组合为

$$p_g = 1.0 \times (G_{k1} + G_{k21}) \tag{4.10}$$

工况二的标准荷载组合为

$$p_g = 1.0 \times (G_{k1} + G_{k21} + G_{k22}) \tag{4.11}$$

最不利线荷载为

$$q_g = p_g B \tag{4.12}$$

最大挠度为

$$v = \frac{5 q_g L_1^4}{384 EI} \tag{4.13}$$

③计算结果。

根据所考虑的两种工况,底模板的刚度和强度验算结果汇总表见表4.14和表4.15。由表可知,底模板的刚度和强度满足JGJ 162—2008《建筑施工模板安全技术规范》要求。

表4.14 工况一底模板的刚度和强度验算结果汇总表

| 类别 | 分段 | 中间段 | | | 渐变段 | | | 端头段 | | | 备注 |
|---|---|---|---|---|---|---|---|---|---|---|---|
| | 分区 | $B_1$ | $C_1$ | $A_1$ | $B_2$ | $C_2$ | $A_2$ | $B_3$ | $C_3$ | $A_3$ | |
| $p_s$ /(kN·m$^{-2}$) | 可变控制 | 17.03 | — | — | 17.03 | — | — | 17.03 | 17.03 | — | 基本组合 |
| | 永久控制 | 17.69 | — | — | 17.69 | — | — | 17.69 | 17.69 | — | |
| $q$/(kN·m$^{-1}$) | | 15.92 | — | — | 15.92 | — | — | 15.92 | 15.92 | — | |
| $M_{max}$/(kN·m) | | 0.080 | — | — | 0.080 | — | — | 0.080 | 0.080 | — | |
| $\sigma$/MPa | | 2.12 | — | — | 2.12 | — | — | 2.12 | 2.12 | — | |
| $[\sigma]$/MPa | | 35 | — | — | 35 | — | — | 35 | 35 | — | |
| $p_g$/(kN·m$^{-2}$) | | 13.1 | — | — | 13.1 | — | — | 13.1 | 13.1 | — | 标准组合 |
| $q_g$/(kN·m$^{-1}$) | | 13.1 | — | — | 13.1 | — | — | 13.1 | 13.1 | — | |
| $v$/mm | | 0.098 | — | — | 0.098 | — | — | 0.098 | 0.098 | — | |
| $[v]$/mm | | 0.5 | 0.5 | 0.5 | 0.5 | — | — | 0.5 | 0.5 | — | |

表4.15 工况二底模板的刚度和强度验算结果汇总表

| 类别 | 分段 | 中间段 | | | 渐变段 | | | 端头段 | | | 备注 |
|---|---|---|---|---|---|---|---|---|---|---|---|
| | 分区 | $B_1$ | $C_1$ | $A_1$ | $B_2$ | $C_2$ | $A_2$ | $B_3$ | $C_3$ | $A_3$ | |
| $p_s$ /(kN·m$^{-2}$) | 可变控制 | 93.41 | — | — | 93.41 | — | — | 93.41 | 93.41 | — | 基本组合 |
| | 永久控制 | 94.71 | — | — | 94.71 | — | — | 94.71 | 94.71 | — | |
| $q$/(kN·m$^{-1}$) | | 85.24 | — | — | 85.24 | — | — | 85.24 | 85.24 | — | |
| $M_{max}$/(kN·m) | | 0.426 | — | — | 0.426 | — | — | 0.426 | 0.426 | — | |
| $\sigma$/MPa | | 11.37 | — | — | 11.37 | — | — | 11.37 | 11.37 | — | |
| $[\sigma]$/MPa | | 35 | — | — | 35 | — | — | 35 | 35 | — | |

续表4.15

| 类别 | 分段 | 中间段 | | | 渐变段 | | | 端头段 | | | 备注 |
|---|---|---|---|---|---|---|---|---|---|---|---|
| | 分区 | $B_1$ | $C_1$ | $A_1$ | $B_2$ | $C_2$ | $A_2$ | $B_3$ | $C_3$ | $A_3$ | |
| $p_g/(kN \cdot m^{-2})$ | | 65.10 | — | — | 65.10 | — | — | 65.10 | 65.10 | — | 标准组合 |
| $q_g/(kN \cdot m^{-1})$ | | 65.10 | — | — | 65.10 | — | — | 65.10 | 65.10 | — | |
| $v$/mm | | 0.487 | — | — | 0.487 | — | — | 0.487 | 0.487 | — | |
| $[v]$/mm | | 0.5 | 0.5 | 0.5 | 0.5 | — | — | 0.5 | 0.5 | — | |

(2)横肋(方木)。

横肋简化计算模型如图4.5所示,按多跨连续梁计算。

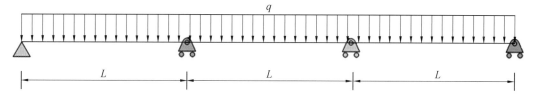

图4.5 横肋简化计算模型

注:由于横肋(方木)垂直铺设在纵肋(工字钢)之上,所以图中$L$既表示方木跨径$L_2$,也表示工字钢间距$L_2$,下文中强度、刚度计算时$L_1$表示横肋(方木)中对中间距,$L_1$、$L_2$具体参数选取参照表4.6、表4.7。

①强度计算。

面荷载$p_s$按两种工况计算。

a. 工况一的可变荷载控制组合(基本组合)和永久荷载控制组合(基本组合)分别为

$$p_{s,1} = 1.3 \times (G_{k1} + G_{k21}) \tag{4.14}$$

$$p_{s,2} = 1.35 \times (G_{k1} + G_{k21}) \tag{4.15}$$

b. 工况二的可变荷载控制组合(基本组合)和永久荷载控制组合(基本组合)分别为

$$p_{s,1} = 1.3 \times (G_{k1} + G_{k21} + G_{k22}) + 0.9 \times 1.5 \times Q_{k1} \tag{4.16}$$

$$p_{s,2} = 1.35 \times (G_{k1} + G_{k21} + G_{k22}) + 1.5 \times 0.7 \times Q_{k1} \tag{4.17}$$

最不利线荷载、跨中最大弯矩和弯拉应力分别为

$$q = \gamma_0 M_{\max}(p_{s,1}, p_{s,2}) L_1 \quad (\gamma_0 = 0.9) \tag{4.18}$$

$$M_{\max} = qL_2^2/10 \tag{4.19}$$

$$\sigma = M_{\max}/W \tag{4.20}$$

②刚度计算。

线荷载$p_g$按以下两种工况计算,工况一和工况二的荷载标准组合分别为

$$p_g = 1.0 \times (G_{k1} + G_{k21}) \tag{4.21}$$

$$p_g = 1.0 \times (G_{k1} + G_{k21} + G_{k22}) \tag{4.22}$$

最不利线荷载和最大挠度计算分别为

$$q_g = p_g L_1 \tag{4.23}$$

$$v=\frac{0.677q_\text{g}L_2^4}{100EI} \tag{4.24}$$

③计算结果。

根据所考虑的两种工况,横肋的刚度和强度验算结果汇总表见表 4.16 和表 4.17。由表可知,横肋的刚度和强度满足 JGJ 162—2008《建筑施工模板安全技术规范》要求。

表 4.16 工况一横肋的刚度和强度验算结果汇总表

| 类别 | 分段 | 中间段 | | | 渐变段 | | | 端头段 | | | 备注 |
|---|---|---|---|---|---|---|---|---|---|---|---|
| | 分区 | $B_1$ | $C_1$ | $A_1$ | $B_2$ | $C_2$ | $A_2$ | $B_3$ | $C_3$ | $A_3$ | |
| $p_\text{s}$ /(kN·m$^{-2}$) | 可变控制 | 17.03 | 17.03 | 17.03 | 17.03 | 17.03 | 17.03 | 17.03 | 17.03 | 17.03 | 基本组合 |
| | 永久控制 | 17.69 | 17.69 | 17.69 | 17.69 | 17.69 | 17.69 | 17.69 | 17.69 | 17.69 | |
| $q$/(kN·m$^{-1}$) | | 3.18 | 3.18 | 3.18 | 3.18 | 3.18 | 3.18 | 3.18 | 3.18 | 3.18 | |
| $M_\text{max}$/(kN·m) | | 0.029 | 0.115 | 0.258 | 0.029 | 0.115 | 0.258 | 0.029 | 0.029 | 0.258 | |
| $\sigma$/MPa | | 0.17 | 0.69 | 1.55 | 0.17 | 0.69 | 1.55 | 0.17 | 0.17 | 1.55 | |
| $[\sigma]$/MPa | | 15 | 15 | 15 | 15 | 15 | 15 | 15 | 15 | 15 | |
| $p_\text{g}$/(kN·m$^{-2}$) | | 13.10 | 13.10 | 13.10 | 13.10 | 13.10 | 13.10 | 13.10 | 13.10 | 13.10 | 标准组合 |
| $q_\text{g}$/(kN·m$^{-1}$) | | 2.62 | 7.86 | 11.79 | 2.62 | 7.86 | 11.79 | 2.62 | 2.62 | 11.79 | |
| $v$/mm | | 0.002 | 0.083 | 0.628 | 0.002 | 0.083 | 0.628 | 0.002 | 0.002 | 0.628 | |
| $[v]$/mm | | 0.75 | 1.50 | 2.25 | 0.75 | 1.50 | 2.25 | 0.75 | 0.75 | 2.25 | |

表 4.17 工况二横肋的刚度和强度验算结果汇总表

| 类别 | 分段 | 中间段 | | | 渐变段 | | | 端头段 | | | 备注 |
|---|---|---|---|---|---|---|---|---|---|---|---|
| | 分区 | $B_1$ | $C_1$ | $A_1$ | $B_2$ | $C_2$ | $A_2$ | $B_3$ | $C_3$ | $A_3$ | |
| $p_\text{s}$ /(kN·m$^{-2}$) | 可变控制 | 93.41 | 43.72 | 52.85 | 93.41 | 64.00 | 52.85 | 93.41 | 93.41 | 52.85 | 基本组合 |
| | 永久控制 | 94.71 | 43.11 | 52.59 | 94.71 | 64.17 | 52.59 | 94.71 | 94.71 | 52.59 | |
| $q$/(kN·m$^{-1}$) | | 17.05 | 7.87 | 9.51 | 17.05 | 11.55 | 9.51 | 17.05 | 17.05 | 9.51 | |
| $M_\text{max}$/(kN·m) | | 0.153 | 0.283 | 0.770 | 0.153 | 0.146 | 0.770 | 0.153 | 0.153 | 0.770 | |
| $\sigma$/MPa | | 0.92 | 1.70 | 4.62 | 0.92 | 2.49 | 4.62 | 0.92 | 0.92 | 4.62 | |
| $[\sigma]$/MPa | | 15 | 15 | 15 | 15 | 15 | 15 | 15 | 15 | 15 | |
| $p_\text{g}$/(kN·m$^{-2}$) | | 65.10 | 26.88 | 33.90 | 65.10 | 42.48 | 33.90 | 65.10 | 65.10 | 33.90 | 标准组合 |
| $q_\text{g}$/(kN·m$^{-1}$) | | 13.02 | 16.13 | 30.51 | 13.02 | 25.49 | 30.51 | 13.02 | 13.02 | 30.51 | |
| $v$/mm | | 0.009 | 0.170 | 1.626 | 0.009 | 0.268 | 1.626 | 0.009 | 0.009 | 1.626 | |
| $[v]$/mm | | 0.75 | 1.50 | 2.25 | 0.75 | 1.50 | 2.25 | 0.75 | 0.75 | 2.25 | |

(3)纵肋(工字钢)。

纵肋简化计算模型如图 4.6 所示,按多跨连续梁计算。

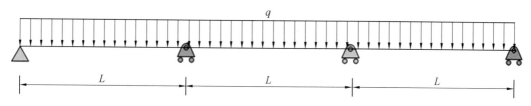

图4.6 纵肋简化计算模型

注:由于纵肋(工字钢)通常放置在立杆托撑之上,所以图中 $L$ 既表示工字钢跨径 $L_a$,也表示立杆纵向间距 $L_a$,下文中强度、刚度计算时 $L_2$ 表示纵肋(工字钢)中对中间距,$L_2$、$L_a$ 具体参数选取参照表 4.4、表 4.7。

纵肋的强度验算和刚度验算计算方法与横肋计算方法相同,此处不再赘述,得出的计算结果如下。

根据所考虑的两种工况,纵肋的刚度和强度验算结果汇总表分别见表 4.18 和表 4.19。由表可知,纵肋的刚度和强度满足 JGJ 162—2008《建筑施工模板安全技术规范》要求。

表 4.18 工况一纵肋的刚度和强度验算结果汇总表

| 类别 | 分段 | 中间段 | | | 渐变段 | | | 端头段 | | | 备注 |
|---|---|---|---|---|---|---|---|---|---|---|---|
| | 分区 | $B_1$ | $C_1$ | $A_1$ | $B_2$ | $C_2$ | $A_2$ | $B_3$ | $C_3$ | $A_3$ | |
| $p_s$ /(kN·m$^{-2}$) | 可变控制 | 17.03 | 17.03 | 17.03 | 17.03 | 17.03 | 17.03 | 17.03 | 17.03 | 17.03 | 基本组合 |
| | 永久控制 | 17.69 | 17.69 | 17.69 | 17.69 | 17.69 | 17.69 | 17.69 | 17.69 | 17.69 | |
| $q$/(kN·m$^{-1}$) | | 4.77 | 9.55 | 14.32 | 4.77 | 9.55 | 14.32 | 4.77 | 4.77 | 14.32 | |
| $M_{max}$/(kN·m) | | 0.172 | 0.344 | 0.516 | 0.172 | 0.344 | 0.516 | 0.172 | 0.172 | 0.516 | |
| $\sigma$/MPa | | 3.51 | 7.02 | 10.52 | 3.51 | 7.02 | 10.52 | 3.51 | 3.51 | 10.52 | |
| $[\sigma]$/MPa | | 205 | 205 | 205 | 205 | 205 | 205 | 205 | 205 | 205 | |
| $p_g$/(kN·m$^{-2}$) | | 13.10 | 13.10 | 13.10 | 13.10 | 13.10 | 13.10 | 13.10 | 13.10 | 13.10 | 标准组合 |
| $q_g$/(kN·m$^{-1}$) | | 3.93 | 7.86 | 7.86 | 3.93 | 7.86 | 7.86 | 3.39 | 3.39 | 7.86 | |
| $v$/mm | | 0.007 | 0.014 | 0.014 | 0.007 | 0.014 | 0.014 | 0.007 | 0.007 | 0.014 | |
| $[v]$/mm | | 1.50 | 1.50 | 1.50 | 1.50 | 1.50 | 1.50 | 1.50 | 1.50 | 1.50 | |

**2. 模板支撑架**

(1)立杆。

立杆布置间距为 $l_a \times l_b$(纵向×横向),每根钢管承受上部 $l_a \times l_b$ 面积的质量,根据承载面积计算单根立杆承受的荷载。

①安全等级和重要性系数。

脚手架的安全等级和重要性系数见表 4.20(取自 JGJ 166—2016《建筑施工碗扣式钢管脚手架安全技术规范》表 4.4.2)。本设计架体搭设高度 $H=8.818$ m$>8$ m,腹板荷载标准值 52 kN/m² $>15$ kN/m²,根据表 4.20 取脚手架的安全等级为Ⅰ级、结构重要性系数 $\gamma_0=1.1$。

表 4.19 工况二纵肋的刚度和强度验算结果汇总表

| 类别 | 分段 | 中间段 | | | 渐变段 | | | 端头段 | | | 备注 |
|---|---|---|---|---|---|---|---|---|---|---|---|
| | 分区 | $B_1$ | $C_1$ | $A_1$ | $B_2$ | $C_2$ | $A_2$ | $B_3$ | $C_3$ | $A_3$ | |
| $p_s$ /(kN·m$^{-2}$) | 可变控制 | 93.41 | 43.72 | 52.85 | 93.41 | 64.00 | 52.85 | 93.41 | 93.41 | 52.85 | 基本组合 |
| | 永久控制 | 94.71 | 43.11 | 52.59 | 94.71 | 64.17 | 52.59 | 94.71 | 94.71 | 52.59 | |
| $q$/(kN·m$^{-1}$) | | 25.57 | 23.61 | 42.80 | 25.57 | 23.61 | 42.80 | 17.05 | 17.05 | 42.80 | |
| $M_{max}$/(kN·m) | | 0.921 | 0.850 | 1.541 | 0.921 | 0.850 | 1.541 | 0.153 | 0.153 | 1.541 | |
| $\sigma$/MPa | | 18.79 | 17.34 | 31.45 | 18.79 | 17.34 | 31.45 | 4.09 | 4.09 | 31.45 | |
| $[\sigma]$/MPa | | 205 | 205 | 205 | 205 | 205 | 205 | 205 | 205 | 205 | |
| $p_g$/(kN·m$^{-2}$) | | 65.10 | 26.88 | 33.90 | 65.10 | 26.88 | 33.90 | 65.10 | 65.10 | 33.90 | 标准组合 |
| $q_g$/(kN·m$^{-1}$) | | 19.53 | 16.13 | 20.34 | 19.53 | 16.13 | 20.34 | 19.53 | 19.53 | 20.34 | |
| $v$/mm | | 0.034 | 0.028 | 0.035 | 0.034 | 0.028 | 0.035 | 0.034 | 0.034 | 0.035 | |
| $[v]$/mm | | 1.50 | 1.50 | 1.50 | 1.50 | 1.50 | 1.50 | 1.50 | 1.50 | 1.50 | |

表 4.20 脚手架的安全等级和重要性系数

| 模板支撑架 | | 安全等级 | 重要性系数 $\gamma_0$ | 备注 |
|---|---|---|---|---|
| 搭设高度/m | 荷载标准值 | | | |
| ≤8 | ≤15 kN/m² 或≤20 kN/m² 或最大集中荷载≤7 kN | Ⅱ | 1.0 | 模板支撑架的搭设高度、荷载中任一项不满足安全等级为Ⅱ级的条件时,其安全等级应划为Ⅰ级 |
| >8 | >15 kN/m² 或>20 kN/m 或最大集中荷载>7 kN | Ⅰ | 1.1 | |

②由风荷载产生的附加轴力标准值。

设计支架高度 $H=8.818$ m,宽度 $B=19.2$ m,架体高宽比 $H/B=8.818$ m/19.2 m<3,顶部模板高度 $H_m=2$ m>1.2 m;架体与墩身无可靠连接;未采取其他防倾覆措施。按照 JGJ 166—2016《建筑施工碗扣式钢管脚手架安全技术规范》5.3.6 条规定,需要计算风荷载产生的立杆附加轴力。

立杆最大附加轴力标准值为

$$N_{WK} = \frac{6n}{(n+1)(n+2)} \frac{M_{TK}}{B} \tag{4.25}$$

架体范围内的均布线荷载标准值为

$$q_{WK} = l_a w_{FK} \tag{4.26}$$

在竖向栏杆围挡(模板)范围内产生的水平集中力的标准值为

$$F_{WK} = l_a H_m w_{MK} \tag{4.27}$$

倾覆力矩标准值为

$$M_{TK} = \frac{1}{2}H^2 q_{WK} + HF_{WK} \tag{4.28}$$

③ 单根立杆最大轴力。

a. 不考虑风荷载。

(a) 可变荷载控制组合(基本组合)为

$$N_1 = 1.3\left(\sum N_{GK1} + \sum N_{GK2}\right) + 1.5 N_{QK} = 1.3 \times (G_{k1} + G_{k21}) l_a l_b \tag{4.29}$$

(b) 永久荷载控制组合(基本组合)为

$$N_2 = 1.35\left(\sum N_{GK1} + \sum N_{GK2}\right) + 1.5 \times 0.7 N_{QK} = 1.35(G_{k1} + G_{k21}) l_a l_b \tag{4.30}$$

(c) 单根立杆最大轴力为

$$N = \max(N_1, N_2)$$

b. 考虑风荷载。

(a) 可变荷载控制组合(基本组合)为

$$\begin{aligned} N_1 &= 1.3\left(\sum N_{GK1} + \sum N_{GK2}\right) + 1.5 N_{QK} \\ &= 1.3(G_{k1} + G_{k21} + G_{k22}) l_a l_b + 1.5 Q_{k1} l_a l_b \end{aligned} \tag{4.31}$$

(b) 永久荷载控制组合(基本组合)为

$$\begin{aligned} N_2 &= 1.35\left(\sum N_{GK1} + \sum N_{GK2}\right) + 1.5 \times 0.7 N_{QK} \\ &= 1.35(G_{k1} + G_{k21} + G_{k22}) l_a l_b + 1.5 \times 0.7 Q_{k1} l_a l_b \end{aligned} \tag{4.32}$$

(c) 单根立杆最大轴力取可变荷载和永久荷载间的较大值。

④ 立杆稳定性。

a. 立杆的稳定系数。

支架立杆计算长度为

$$l_0 = k\mu(h + 2a)$$

式中　$h$——步距,$h = 1.2$ m;

　　　$k$——立杆计算长度附加系数,$k = 1.0$;

　　　$\mu$——立杆计算长度系数,$\mu = 1.1$;

　　　$a$——支架立杆上端托撑伸出顶层水平杆中心线至模板支撑点的长度,$a = 0.65$ m。

则根据上述取值,计算获得支架立杆计算长度 $l_0$ 为 275 cm。立杆的回转半径 $i = 1.59$ cm,获得立杆的长细比 $\lambda = l_0/i = 172.96$。根据计算得到的 $\lambda$ 值,查表获得稳定系数 $\varphi$ 为 0.262。

b. 考虑风荷载稳定性计算。

根据式(4.33)来验算考虑风荷载情况下的立杆稳定,得到的计算结果见表 4.21～4.24。根据计算结果可知,立杆稳定满足规范要求。

$$\sigma = \frac{\gamma N}{\varphi A} + \frac{M}{W} \tag{4.33}$$

表 4.21　工况一附加轴力标准值计算结果

| 参数 | $q_{WK}/(N \cdot mm^{-1})$ | $F_{WK}/N$ | $M_{TK}/(N \cdot mm^{-1})$ | $N_{WK}/N$ |
|---|---|---|---|---|
| 数值 | 1.164 | 612 | 50 651 262.17 | 415.91 |

表 4.22　工况二附加轴力标准值计算结果

| 参数 | $q_{WK}/(N \cdot mm^{-1})$ | $F_{WK}/N$ | $M_{TK}/(N \cdot mm^{-1})$ | $N_{WK}/N$ |
|---|---|---|---|---|
| 数值 | 0.786 | 408 | 34 156 293.73 | 280.47 |

表 4.23　工况一计算结果汇总表

| 分段 | 中间段 | | | 渐变段 | | | 端头段 | | | 备注 |
|---|---|---|---|---|---|---|---|---|---|---|
| 分区 | $B_1$ | $C_1$ | $A_1$ | $B_2$ | $C_2$ | $A_2$ | $B_3$ | $C_3$ | $A_3$ | |
| $N_1$ | 1.89 | 2.13 | 2.79 | 1.89 | 2.13 | 2.79 | 1.89 | 1.89 | 2.79 | 基本组合考虑风荷载 |
| $N_2$ | 1.96 | 2.21 | 2.88 | 1.96 | 2.21 | 2.88 | 1.96 | 1.96 | 2.88 | |
| $N/kN$ | 1.96 | 2.21 | 2.88 | 1.96 | 2.21 | 2.88 | 1.96 | 1.96 | 2.88 | |
| $M_{WK}/(N \cdot mm)$ | 47 520 | 47 520 | 47 520 | 47 520 | 47 520 | 47 520 | 47 520 | 47 520 | 47 520 | |
| $N_W/(N \cdot mm)$ | 42 768 | 42 768 | 42 768 | 42 768 | 42 768 | 42 768 | 42 768 | 42 768 | 42 768 | |
| $\sigma/MPa$ | 25.85 | 27.96 | 33.70 | 25.85 | 27.96 | 33.70 | 25.85 | 25.85 | 33.70 | |
| $[\sigma]/MPa$ | 205 | 205 | 205 | 205 | 205 | 205 | 205 | 205 | 205 | |

表 4.24　工况二计算结果汇总表

| 分段 | 中间段 | | | 渐变段 | | | 端头段 | | | 备注 |
|---|---|---|---|---|---|---|---|---|---|---|
| 分区 | $B_1$ | $C_1$ | $A_1$ | $B_2$ | $C_2$ | $A_2$ | $B_3$ | $C_3$ | $A_3$ | |
| $N_1$ | 15.79 | 12.05 | 22.59 | 15.79 | 19.35 | 22.59 | 15.79 | 15.79 | 22.59 | 基本组合考虑风荷载 |
| $N_2$ | 15.81 | 11.32 | 21.67 | 15.81 | 18.90 | 21.67 | 15.81 | 15.81 | 21.67 | |
| $N/kN$ | 15.81 | 12.05 | 22.59 | 15.81 | 19.35 | 22.59 | 15.81 | 15.81 | 22.59 | |
| $M_{WK}/(N \cdot mm)$ | 31 968 | 31 968 | 31 968 | 31 968 | 31 968 | 31 968 | 31 968 | 31 968 | 31 968 | |
| $N_W/(N \cdot mm)$ | 28 771.2 | 28 771.2 | 28 771.2 | 28 771.2 | 28 771.2 | 28 771.2 | 28 771.2 | 28 771.2 | 28 771.2 | |
| $\sigma/MPa$ | 140.75 | 108.75 | 198.49 | 140.75 | 170.93 | 198.49 | 140.75 | 140.75 | 198.49 | |
| $[\sigma]/MPa$ | 205 | 205 | 205 | 205 | 205 | 205 | 205 | 205 | 205 | |

(2)基础与地基。

脚手架底部采用160 mm×160 mm×8 mm的定型钢板底托,底托放置于20 cm厚C20混凝土找平层上。可变荷载控制的组合(考虑风荷载)为不利组合最大轴力,按以下两种工况进行计算。

① 工况一荷载组合(标准组合)为

$$N = 1.0\left(\sum N_{GK1} + \sum N_{GK2}\right) + 1.0 N_{QK} = 1.0(G_{k1} + G_{k21}) l_a l_b \quad (4.34)$$

② 工况二荷载组合(标准组合)为

$$N = 1.0\left(\sum N_{GK1} + \sum N_{GK2}\right) + 1.0 N_{QK}$$
$$= 1.0(G_{k1} + G_{k21} + G_{k22}) l_a l_b + 1.0 Q_{k1} l_a l_b \quad (4.35)$$

计算立杆轴力取所有底层立杆轴力的最大值。

混凝土扩散角按45°计算,按扩展基础确定立杆基础地面面积:

$$A_g = (0.16 + 2 \times 0.2 \times \tan 45°)^2 = 0.313\ 6(m^2)$$
$$A_g = \min(A_g, 0.3) = 0.3\ m^2 \quad (4.36)$$

地基承载力按式(4.37)计算:

$$f_a = \frac{N}{A \gamma_u} \quad (4.37)$$

式中 $\gamma_u$——永久荷载和可变荷载分项系数加权平均值,按可变荷载控制组合,取1.254。

综上所述,计算得到地基承载力结果见表4.25和表4.26。根据计算结果可知,混凝土找平层应满足地基承载力不小于50 kPa;基础与地基承载力满足JGJ 166—2016《建筑施工碗扣式钢管脚手架安全技术规范》要求。

表 4.25 工况一计算结果

| 分段 | 中间段 | | | 渐变段 | | | 端头段 | | | 备注 |
|---|---|---|---|---|---|---|---|---|---|---|
| 分区 | $B_1$ | $C_1$ | $A_1$ | $B_2$ | $C_2$ | $A_2$ | $B_3$ | $C_3$ | $A_3$ | |
| $N$/kN | 1.40 | 1.54 | 1.99 | 1.40 | 1.54 | 1.99 | 1.83 | 1.83 | 1.99 | |
| max $N$/kN | 1.99 | 1.99 | 1.99 | 1.99 | 1.99 | 1.99 | 1.99 | 1.99 | 1.99 | |
| $p$/MPa | 0.08 | 0.08 | 0.08 | 0.08 | 0.08 | 0.08 | 0.08 | 0.08 | 0.08 | 标准组合 |
| $f_c$/MPa | 9.6 | 9.6 | 9.6 | 9.6 | 9.6 | 9.6 | 9.6 | 9.6 | 9.6 | |
| $f_a$/kPa | 5.28 | 5.28 | 5.28 | 5.28 | 5.28 | 5.28 | 5.28 | 5.28 | 5.28 | |
| $[f_a]$/kPa | 50 | 50 | 50 | 50 | 50 | 50 | 50 | 50 | 50 | |

表 4.26 工况二计算结果

| 分段 | 中间段 | | | 渐变段 | | | 端头段 | | | 备注 |
|---|---|---|---|---|---|---|---|---|---|---|
| 分区 | $B_1$ | $C_1$ | $A_1$ | $B_2$ | $C_2$ | $A_2$ | $B_3$ | $C_3$ | $A_3$ | |
| $N$/kN | 11.93 | 8.84 | 16.73 | 11.93 | 14.45 | 16.73 | 11.93 | 11.93 | 16.73 | |
| max $N$/kN | 16.73 | 16.73 | 16.73 | 16.73 | 16.73 | 16.73 | 16.73 | 16.73 | 16.73 | |
| $p$/MPa | 0.65 | 0.65 | 0.65 | 0.65 | 0.65 | 0.65 | 0.65 | 0.65 | 0.65 | 标准组合 |
| $f_c$/MPa | 9.6 | 9.6 | 9.6 | 9.6 | 9.6 | 9.6 | 9.6 | 9.6 | 9.6 | |
| $f_a$/kPa | 44.47 | 44.47 | 44.47 | 44.47 | 44.47 | 44.47 | 44.47 | 44.47 | 44.47 | |
| $[f_a]$/kPa | 50 | 50 | 50 | 50 | 50 | 50 | 50 | 50 | 50 | |

(3)抗倾覆性。

设计支架高度为 $H=8.818$ m,宽度为 $B=19.2$ m,架体高宽比 $H/B=8.818$ m/$19.2$ m$=0.46<3$,按照 JGJ 166—2016《建筑施工碗扣式钢管脚手架安全技术规范》5.3.11 条和 6.3.13 条规定,不需要计算支架抗倾覆稳定性。

综上,抗倾覆承载力满足 JGJ 166—2016《建筑施工碗扣式钢管脚手架安全技术规范》要求。

## 4.3 工程实例 2:某转体桥工程现浇主梁 0♯块支架设计

### 4.3.1 工程概况

某转体桥工程现浇主梁采用预应力混凝土双主梁肋板式结构。主梁 0♯块道路中心线处高度为 2.4 m,顶宽为 29.8 m,顶板厚度为 30～80 cm;腹板宽 180 cm,在锚跨尾段及塔根部附近局部加宽至 280 cm;两肋间设置预应力混凝土横梁,横梁腹板厚度为 42 cm,标准间距为 7 m;塔支点处横梁宽 500 cm,为箱形截面;过渡墩支点处横梁宽 220 cm。脚手架设计范围为 π 型主梁 0♯块。π 型主梁可以看作是异形箱梁,区别在于有无底板,π 型梁的结构形式及其施工设计分区分段,参照图 4.7。π 型梁计算断面参数见表 4.27。

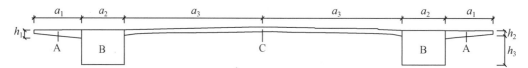

图 4.7 横向分块示意图(π 型梁)

表 4.27 π 型梁计算断面参数　　　　　　　　　　　　　mm

| 部位 | $a_1$ | $a_2$ | $a_3$ | $h_1$ | $h_2$ | $h_3$ | $h_2+h_3$ |
|---|---|---|---|---|---|---|---|
| 中间段 | 3 100 | 2 800 | 9 000 | 550 | 500 | 1 750 | 2 250 |
| 渐变段 | 3 100 | 2 800 | 9 000 | 550 | 500 | 1 900 | 2 400 |
| 端头段 | 11 800 | 11 800 | 11 800 | 550 | 500 | 1 900 | 2 400 |

### 4.3.2 计算依据及设计方法

**1. 设计条件**

(1)风荷载:取当地重现期 10 年的风压。
(2)地质条件:现场勘测的地基承载力低于 40 kPa。
(3)甲方要求采用的周转材料表见表 4.28。
现场采购到的钢管壁厚不足,按 $\phi 48.3$ mm$\times 3.0$ mm 计算。

表 4.28 甲方要求采用的周转材料表

| 序号 | 材料名称 | 型号 | 数量 | 用途 |
| --- | --- | --- | --- | --- |
| 1 | 竹胶板 | δ=15 mm | 不限 | 底模板 |
| 2 | 方木 | 100 mm×100 mm | 不限 | 横肋 |
| 3 | 工字钢 | I10 | 不限 | 纵肋 |
| 4 | 钢管 | φ48.3 mm×3.0 mm | 不限 | 碗扣立柱、水平杆 |

**2. 结构布置**

现浇连续梁脚手架架体采用 Q235 碗扣式钢管脚手架,立杆横纵间距和步距按照不同区段块体进行设置,并通过可调顶托和可调底托进行高度调整;架体底端可调底托直接置于 C25 混凝土基础上,顶端可调顶托上搭设模板体系工字钢纵肋;利用 Q235 扣件式钢管脚手架作为水平、横纵向剪刀撑以保证架体的整体稳定性(图 4.8)。

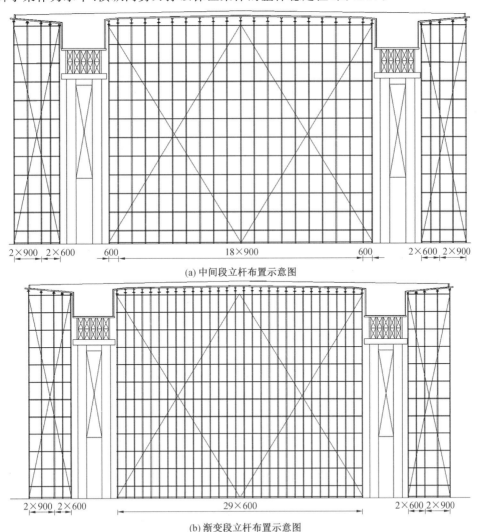

(a) 中间段立杆布置示意图

(b) 渐变段立杆布置示意图

图 4.8 脚手架布置示意图(单位:mm)

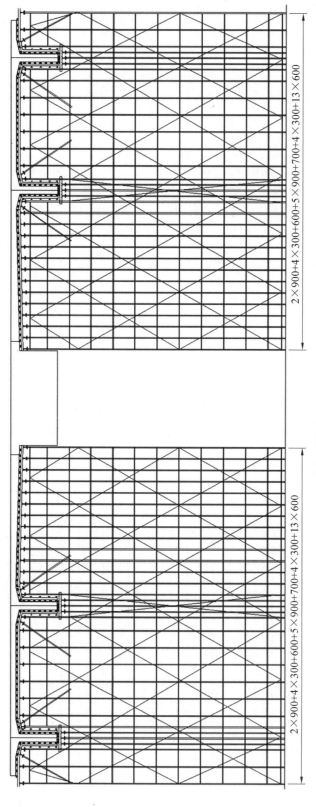

(c) 顶板、翼缘处纵向布置图立杆布置示意图

续图4.8

立杆钢管参数表见表 4.29。

表 4.29 立杆钢管参数表

| 部位 | 纵距 $l_a$/mm | 横距 $l_b$/mm | | | 最大步距 $h$/mm | 备注 |
| --- | --- | --- | --- | --- | --- | --- |
| | | $A_i(n_1)$ | $B_i(n_2)$ | $C_i(n_3)$ | | |
| 端头段 | 300 | 900(3) | 600(29) | 600(29) | 1 200 | $\phi$48.3 mm×3.0 mm |
| 渐变段 | 600 | 900(3) | 600(29) | 600(29) | 1 200 | $\phi$48.3 mm×3.0 mm |
| 中间段 | 600 | 900(3) | 600(18) | 600(18) | 1 200 | $\phi$48.3 mm×3.0 mm |

注：$B_i$ 处选用梁柱式支架，未使用碗扣支架。

现浇连续梁模板体系中的底模板采用竹胶板，其下横纵肋分别为方木和工字钢，模板厚度和纵横肋间距根据不同区段块体进行设置（表 4.30～4.32）。

表 4.30 竹胶板参数表

| 部位 | 厚度 $t$/mm | 跨度 $L_1$/mm | 备注 |
| --- | --- | --- | --- |
| 端头段 | 15 | 200 | TC15 |
| 渐变段 | 15 | 300 | TC15 |
| 中间段 | 15 | 300 | TC15 |

表 4.31 方木参数表

| 部位 | 分区 | 间距 $L_1$/mm | 跨度 $L_2$/mm | 备注 |
| --- | --- | --- | --- | --- |
| 端头段 | $B_1$ | 200 | — | 100 mm×100 mm |
| | $C_1$ | | 600 | |
| | $A_1$ | | 900 | |
| 渐变段 | $B_1$ | 300 | — | 100 mm×100 mm |
| | $C_1$ | | 600 | |
| | $A_1$ | | 900 | |
| 中间段 | $B_1$ | 300 | — | 100 mm×100 mm |
| | $C_1$ | | 900 | |
| | $A_1$ | | 900 | |

注：$B_i$ 处选用梁柱式支架，未使用碗扣支架。

表 4.32 工字钢参数表

| 构件 | 部位 | 跨度 $l_a$/mm | 间距 $L_2$/mm | | | 备注 |
| --- | --- | --- | --- | --- | --- | --- |
| | | | $A_i$ | $B_i$ | $C_i$ | |
| 工字钢 | 端头段 | 300 | 900 | — | 600 | I10 |
| | 渐变段 | 600 | 900 | — | 600 | I10 |
| | 中间段 | 600 | 900 | — | 900 | I10 |

注：$B_i$ 处选用梁柱式支架，未使用碗扣支架。

**3. 设计检算**

(1)设计依据。

①主梁0#块支架图纸(设计院相关图纸)。

②现场实际情况及甲方要求。

③主要适用标准、规范。

a. JGJ 166—2016《建筑施工碗扣式钢管脚手架安全技术规范》。

b. GB 50009—2012《建筑结构荷载规范》。

c. GB 50068—2018《建筑结构可靠性设计统一标准》。

d. GB 50017—2017《钢结构设计标准》。

e. GB 50005—2017《木结构设计标准》。

f. JGJ 162—2008《建筑施工模板安全技术规范》。

(2)计算方法。

依据 JGJ 166—2016《建筑施工碗扣式钢管脚手架安全技术规范》5.1.1 条规定,结构设计应采用以概率理论为基础的极限状态设计法,用分项系数的设计表达式进行计算。由于按承载力极限状态设计,依据 GB 50068—2018《建筑结构可靠性设计统一标准》8.2.9 条规定,永久荷载分项系数 $\gamma_G$ 由 1.2 调整为 1.3;可变荷载分项系数 $\gamma_Q$ 由 1.4 调整为 1.5。

(3)材料特性。

材料参数表见表 4.33,碗扣支架钢管截面特性见表 4.34。

**表 4.33 材料参数表**

| 材料名称 | 材质 | 弹性模量 /MPa | 抗拉、抗压、抗弯设计值 /MPa | 密度 /(kg·m$^{-3}$) | 备注 |
|---|---|---|---|---|---|
| 碗扣支架 | Q235 | $2.06\times10^5$ | $f=205$ | 7 850 | |
| 纵肋 I10 | Q235 | $2.06\times10^5$ | $f=205$ | 7 850 | |
| 横肋方木 100 mm×100 mm | TC13 | 9 000 | $f=13$ | 685 | 方木采用 TC13 |
| 竹胶板 | 覆面竹胶合板(5层) | 9 000 | $f=13$ | | |
| 混凝土 | C25 | $2.80\times10^4$ | $f_c=11.9$ | 2 500 | |

**表 4.34 碗扣支架钢管截面特性**

| 型号 | 单位质量 /(kg·m$^{-1}$) | 截面积 A /cm$^2$ | 截面惯性矩 I /cm$^4$ | 截面模量 W /cm$^3$ | 截面回转半径 i /cm |
|---|---|---|---|---|---|
| $\phi$48.3 mm×3.0 mm | 3.351 | 4.27 | 11.00 | 4.55 | 1.61 |
| I10 | 11.2 | 14.3 | 245 | 49 | 4.14 |
| $t=15$ mm 竹胶板 | — | — | 28.125 | 37.5 | — |
| 100 mm×100 mm 方木 | — | 100 | 833.33 | 166.67 | — |

(4)设计指标。

模板支撑架受弯构件、悬挑受弯杆件(包括模板支撑架的主次楞和模板)的容许挠度为 $L/400$,其中,$L$ 为受弯构件的计算跨度,对悬挑构件,为其悬伸长度的2倍。

### 4.3.3 荷载取值

**1.荷载分析**

(1)永久荷载。

考虑的永久荷载包括:①架体结构自重 $G_{k1}$,包括立杆、水平杆、斜杆、剪刀撑、可调托撑和配件的自重,按表4.35取值;②$G_{k21}$ 表示模板及支撑梁的自重,包括箱梁内模、底模、内模支撑及外模支撑荷载,按均布荷载计算,取 $2.5 \text{ kN/m}^2$;③$G_{k22}$ 表示作用在模板上的混凝土和钢筋的自重,包括箱梁自重荷载,其中,新浇混凝土密度取 $26 \text{ kN/m}^3$(含钢筋等)。箱梁自重荷载按表4.36取值。

表 4.35 架体结构自重 $G_{k1}$

| 分区 | 中间段 | | | 渐变段 | | | 端头段 | | |
|---|---|---|---|---|---|---|---|---|---|
| | $l_a$/m | $l_b$/m | $G_{k1}$/(kN·m$^{-2}$) | $l_a$/m | $l_b$/m | $G_{k1}$/(kN·m$^{-2}$) | $l_a$/m | $l_b$/m | $G_{k1}$/(kN·m$^{-2}$) |
| $B_i$ | — | — | | — | — | | | | |
| $C_i$ | 0.6 | 0.9 | 1.77 | 0.6 | 0.6 | 2.66 | 0.3 | 0.6 | 7.95 |
| $A_i$ | | 0.9 | 1.77 | | 0.9 | 1.77 | | 0.9 | 3.54 |

注:此表需根据项目初次拟定立杆间距来大致估算架体结构自重;初次拟定设计 $G_{k1}$ 取 $0 \text{ kN/m}^2$ 即可。

表 4.36 箱梁自重荷载 $G_{k22}$

| 分区 | 中间段 | | 渐变段 | | 端头段 | |
|---|---|---|---|---|---|---|
| | 厚度/m | $G_{k22}$/(kN·m$^{-2}$) | 厚度/m | $G_{k22}$/(kN·m$^{-2}$) | 厚度/m | $G_{k22}$/(kN·m$^{-2}$) |
| 腹板($h_2+h_3$) | 2.25 | 58.50 | 2.40 | 62.40 | 2.40 | 62.40 |
| 顶板($h_2$) | 0.50 | 13.00 | 0.50 | 13.00 | 0.50 | 13.00 |
| 翼缘板($h_1$) | 0.55 | 14.30 | 0.55 | 14.30 | 0.55 | 14.30 |

注:腹板位置采用梁柱式支架,故腹板位置箱梁自重荷载下文不采用。

(2)可变荷载。

考虑的可变荷载包括施工荷载 $Q_{k1}$ 和风荷载 $Q_w$。其中,$Q_{k1}$ 包括施工作业人员、施工材料和机具荷载 $Q_{k11}$,一般浇筑工艺取 $2.5 \text{ kN/m}^2$(依据 JGJ 166—2016《建筑施工碗扣式钢管脚手架安全技术规范》4.2.5条)、浇筑混凝土时产生的冲击荷载 $Q_{k12}$ 取 $2.0 \text{ kN/m}^2$、浇筑及振捣混凝土时产生的荷载 $Q_{k13}$ 取 $2.0 \text{ kN/m}^2$($Q_{k12}$、$Q_{k13}$ 取值依据 JGJ 162—2008《建筑施工模板安全技术规范》4.1.2条),以及超过浇筑构件厚度的混凝土料堆放荷载 $Q_{k14}$。则施工荷载 $Q_{k1}$ 可按式(4.38)进行计算可得 $6.5 \text{ kN/m}^2$:

$$Q_{k1}=Q_{k11}+Q_{k12}+Q_{k13}+Q_{k14} \tag{4.38}$$

风荷载 $Q_W$ 按式(4.39)进行计算:

$$Q_W = \mu_s \mu_z \omega_0 \tag{4.39}$$

式中 $\mu_s$ ——风荷载体型系数,依据 JGJ 166—2016《建筑施工碗扣式钢管脚手架安全技术规范》表 4.2.6 的规定采用;

$\mu_z$ ——风压高度变化系数,依据 JGJ 166—2016《建筑施工碗扣式钢管脚手架安全技术规范》附录 B 采用;

$\omega_0$ ——基本风压值,依据 GB 50009—2012《建筑结构荷载规范》附录 E.5 采用。

获得的风荷载 $Q_W$ 计算结果见表 4.37。其中,考虑某地 10 年重现期风荷载作用 $Q_W$,对应的 $\omega_0$ 值为 0.35 kN/m²。

表 4.37 风荷载计算结果

| 类别 | $\mu_s$ | $\mu_z$ | 类别 | 10 年重现期 |
|---|---|---|---|---|
| 多榀桁架 $\mu_{stW}$ | 4.6 | | $w_{FK}$ | 1.82 |
| 单榀桁架 $\mu_{st}$ | 1.2 | 1.13 | $w_k$ | 0.57 |
| 模板 $\mu_s$ | 1.3 | | $w_{MK}$ | 0.51 |

注:某地 10 年重现期基本风压为 0.35 kN/m²。

**2. 荷载工况与组合**

(1)工况分析。

最不利工况为:浇筑混凝土完成后,考虑某地 10 年重现期风压的作用。

(2)荷载组合。

每种工况考虑两种荷载组合形式,即标准组合和基本组合。其中,模板体系的标准组合计算结果用来评价刚度指标,模板支撑架的标准组合计算结果用来评价地基承载力指标;模板体系和模板支撑架基本组合计算结果用来评价结构强度及稳定性指标。荷载分项系数取值见表 4.38。

表 4.38 荷载分项系数取值

| 模板体系 | | $G_{k1}$ | $G_{k21}$ | $G_{k22}$ | $Q_{k1}$ | $Q_{k2}$ | $Q_{W2}$ |
|---|---|---|---|---|---|---|---|
| 基本组合 | 可变荷载控制 | 1.3 | 1.3 | 1.3 | 1.5 | 1.5 | 水平荷载不考虑 |
| | 永久荷载控制 | 1.35 | 1.35 | 1.35 | 1.5 | 1.5 | |
| 标准组合 | | 1.0 | 1.0 | 1.0 | — | — | |
| 模板支撑架 | | $G_{k1}$ | $G_{k21}$ | $G_{k22}$ | $Q_{k1}$ | $Q_{k2}$ | $Q_{W2}$ |
| 基本组合 | 可变荷载控制 | 1.3 | 1.3 | 1.3 | 1.5 | 1.5 | 1.5 |
| | 永久荷载控制 | 1.35 | 1.35 | 1.35 | 1.5 | 1.5 | 1.5 |
| 标准组合 | | 1.0 | 1.0 | 1.0 | 1.0 | 1.0 | 1.0 |

## 4.3.4 结构计算

**1. 模板体系**

(1)底模板(竹胶板)。

根据所考虑的工况,采用4.2.4节计算方法对底模板的刚度和强度进行验算,验算结果汇总表见表4.39。由表可知,底模板的刚度和强度满足JGJ 162—2008《建筑施工模板安全技术规范》要求。

表4.39 底模板的刚度和强度验算结果汇总表

| 类别 | 分段 | 中间段 | | | 渐变段 | | | 端头段 | | | 备注 |
|---|---|---|---|---|---|---|---|---|---|---|---|
| | 分区 | $B_1$ | $C_1$ | $A_1$ | $B_2$ | $C_2$ | $A_2$ | $B_3$ | $C_3$ | $A_3$ | |
| $p_s$/(kN·m$^{-2}$) | 可变控制 | — | 31.23 | 32.92 | — | 32.38 | 32.92 | — | 39.26 | 35.22 | 基本组合 |
| | 永久控制 | — | 30.14 | 31.89 | | 31.34 | 31.89 | | 38.48 | 34.28 | |
| $q$/(kN·m$^{-1}$) | | — | 28.10 | 29.62 | | 29.14 | 29.62 | | 35.33 | 31.70 | |
| $M_{max}$/(kN·m) | | | 0.316 | 0.333 | | 0.328 | 0.333 | | 0.177 | 0.158 | |
| $\sigma$/MPa | | | 8.43 | 8.89 | | 8.74 | 8.89 | | 4.71 | 4.23 | |
| $[\sigma]$/MPa | | — | 13 | 13 | | 13 | 13 | | 13 | 13 | |
| $p_g$/(kN·m$^{-2}$) | | — | 17.27 | 18.57 | | 18.16 | 18.57 | | 23.45 | 20.34 | 标准组合 |
| $q_g$/(kN·m$^{-1}$) | | — | 17.27 | 18.57 | | 18.16 | 18.57 | | 23.45 | 20.34 | |
| $v$/mm | | | 0.654 | 0.704 | | 0.688 | 0.704 | | 0.175 | 0.152 | |
| $[v]$/mm | | — | 0.75 | 0.75 | | 0.75 | 0.75 | | 0.50 | 0.50 | |

(2)横肋(方木)。

根据所考虑的工况,采用4.2.4节计算方法对横肋的刚度和强度进行验算,验算结果汇总表见表4.40。由表可知,横肋的刚度和强度满足JGJ 162—2008《建筑施工模板安全技术规范》要求。

表4.40 横肋的刚度和强度验算结果汇总表

| 类别 | 分段 | 中间段 | | | 渐变段 | | | 端头段 | | | 备注 |
|---|---|---|---|---|---|---|---|---|---|---|---|
| | 分区 | $B_1$ | $C_1$ | $A_1$ | $B_2$ | $C_2$ | $A_2$ | $B_3$ | $C_3$ | $A_3$ | |
| $p_s$/(kN·m$^{-2}$) | 可变控制 | — | 31.23 | 32.91 | — | 32.38 | 32.91 | — | 39.26 | 35.22 | 基本组合 |
| | 永久控制 | — | 30.14 | 31.89 | | 31.34 | 31.89 | | 38.48 | 34.28 | |
| $q$/(kN·m$^{-1}$) | | — | 8.43 | 8.89 | | 8.74 | 5.92 | | 7.07 | 6.34 | |
| $M_{max}$/(kN·m) | | | 0.683 | 0.720 | | 0.315 | 0.480 | | 0.254 | 0.513 | |
| $\sigma$/MPa | | | 4.10 | 4.32 | | 1.89 | 2.88 | | 1.53 | 3.08 | |
| $[\sigma]$/MPa | | — | 13 | 13 | | 13 | 13 | | 13 | 13 | |

续表4.40

| 类别 | 分段 | 中间段 | | | 渐变段 | | | 端头段 | | | 备注 |
|---|---|---|---|---|---|---|---|---|---|---|---|
| | 分区 | $B_1$ | $C_1$ | $A_1$ | $B_2$ | $C_2$ | $A_2$ | $B_3$ | $C_3$ | $A_3$ | |
| $p_g/(kN·m^{-2})$ | | — | 17.27 | 18.57 | — | 18.16 | 18.57 | — | 23.45 | 20.34 | 标准组合 |
| $q_g/(kN·m^{-1})$ | | — | 15.54 | 16.71 | — | 10.90 | 16.71 | — | 4.69 | 18.31 | |
| $v$/mm | | — | 0.828 | 0.891 | — | 0.115 | 0.891 | — | 0.049 | 0.976 | |
| $[v]$/mm | | — | 2.25 | 2.25 | — | 1.50 | 2.25 | — | 1.50 | 2.25 | |

(3)纵肋(工字钢)。

根据所考虑的工况,采用4.2.4节计算方法对纵肋的刚度和强度进行验算,验算结果汇总表见表4.41。由表可知,纵肋的刚度和强度满足JGJ 162—2008《建筑施工模板安全技术规范》要求。

表4.41 纵肋的刚度和强度验算结果汇总表

| 类别 | 分段 | 中间段 | | | 渐变段 | | | 端头段 | | | 备注 |
|---|---|---|---|---|---|---|---|---|---|---|---|
| | 分区 | $B_1$ | $C_1$ | $A_1$ | $B_2$ | $C_2$ | $A_2$ | $B_3$ | $C_3$ | $A_3$ | |
| $p_s/(kN·m^{-2})$ | 可变控制 | — | 31.23 | 32.91 | — | 32.38 | 32.91 | — | 39.26 | 35.22 | 基本组合 |
| | 永久控制 | — | 30.14 | 31.89 | — | 31.34 | 31.89 | — | 38.48 | 34.28 | |
| $q/(kN·m^{-1})$ | | — | 25.29 | 26.66 | — | 17.49 | 26.66 | — | 21.20 | 28.53 | |
| $M_{max}/(kN·m)$ | | — | 0.911 | 0.960 | — | 0.630 | 0.960 | — | 0.191 | 0.257 | |
| $\sigma$/MPa | | — | 18.58 | 19.59 | — | 12.85 | 19.59 | — | 3.89 | 5.24 | |
| $[\sigma]$/MPa | | — | 205 | 205 | — | 205 | 205 | — | 205 | 205 | |
| $p_g/(kN·m^{-2})$ | | — | 17.27 | 18.57 | — | 18.16 | 18.57 | — | 23.45 | 20.34 | 标准组合 |
| $q_g/(kN·m^{-1})$ | | — | 10.36 | 11.14 | — | 10.90 | 11.14 | — | 14.07 | 6.10 | |
| $v$/mm | | — | 0.018 | 0.019 | — | 0.019 | 0.019 | — | 0.002 | 0.001 | |
| $[v]$/mm | | — | 1.50 | 1.50 | — | 1.50 | 1.50 | — | 0.75 | 0.75 | |

**2. 模板支撑架**

(1)立杆。

立杆布置间距为$l_a×l_b$(纵向×横向),每根钢管承受上部$l_a×l_b$面积的质量,根据承载面积计算单根立杆承受的荷载。

①安全等级和重要性系数。

脚手架的安全等级和重要性系数取值参见表4.20(取自JGJ 166—2016《建筑施工碗扣式钢管脚手架安全技术规范》表4.4.2)。设计架体搭设高度$H=15$ m$>8$ m,腹板荷载标准值62.4 kN/m²$>15$ kN/m²,根据表4.20取脚手架的安全等级为Ⅰ级、重要性系数$\gamma_0=1.1$。

②由风荷载产生的附加轴力标准值。

设计支架高度 $H=15$ m，宽度 $B=30.06$ m，架体高宽比 $H/B=15\text{ m}/30.06\text{ m}<3$，顶部模板高度 $H_m=2.191$ m$>1.2$ m；架体与墩身无可靠连接；未采取其他防倾覆措施。按照 JGJ 166—2016《建筑施工碗扣式钢管脚手架安全技术规范》5.3.6 条规定，需要计算风荷载产生的立杆附加轴力。

③单根立杆最大轴力。

考虑风荷载时，单根立杆最大轴力计算如下。

a. 可变荷载控制组合（基本组合）为

$$N_1 = 1.3\left(\sum N_{GK1} + \sum N_{GK2}\right) + 1.5(N_{QK} + 0.6N_{WK})$$
$$= 1.3(G_{k1} + G_{k21} + G_{k22})l_a l_b + 1.5(Q_{k1} + 0.6Q_W)l_a l_b \quad (4.40)$$

b. 永久荷载控制组合（基本组合）为

$$N_2 = 1.35\left(\sum N_{GK1} + \sum N_{GK2}\right) + 1.5(0.7N_{QK} + 0.6N_{WK})$$
$$= 1.35(G_{k1} + G_{k21} + G_{k22})l_a l_b + 1.5(0.7Q_{k1} + 0.6Q_W)l_a l_b \quad (4.41)$$

c. 单根立杆最大轴力 $N$ 取可变荷载和永久荷载间的较大值。

④立杆稳定性。

a. 立杆的稳定系数。

支架立杆计算长度 $l_0$ 为

$$l_0 = k\mu(h+2a) \quad (4.42)$$

式中　$h$——步距，$h=1.2$ m；

　　　$k$——立杆计算长度附加系数，$k=1.0$；

　　　$\mu$——立杆计算长度系数，$\mu=1.1$；

　　　$a$——支架立杆上端托撑伸出顶层水平杆中心线至模板支撑点的长度，最大为 $a=0.485$ m。

则根据上述取值，计算获得支架立杆计算长度 $l_0$ 为 238.7 cm。立杆的回转半径 $i=1.61$ cm，获得立杆的长细比 $\lambda=l_0/i=148.3$。根据计算得到的 $\lambda$ 值，查表获得稳定系数 $\varphi$ 为 0.315。

b. 考虑风荷载稳定性计算。

根据式(4.43)验算考虑风荷载情况下的立杆稳定，得到的计算结果见表 4.42 和表 4.43。根据计算结果可知，立杆稳定满足规范要求。

$$\sigma = \frac{\gamma N}{\varphi A} + \frac{M}{W} \quad (4.43)$$

表 4.42　附加轴力标准值计算结果

| 参数 | $q_{WK}/(\text{N}\cdot\text{mm}^{-1})$ | $F_{WK}/\text{N}$ | $M_{TK}/(\text{N}\cdot\text{mm}^{-1})$ | $N_{WK}/\text{N}$ |
| --- | --- | --- | --- | --- |
| 数值 | 1.092 | 749.3 | 134 089 830 | 685.25 |

表 4.43 立杆稳定性计算结果汇总表

| 分段 | 中间段 | | | 渐变段 | | | 端头段 | | | 备注 |
|---|---|---|---|---|---|---|---|---|---|---|
| 分区 | $B_1$ | $C_1$ | $A_1$ | $B_2$ | $C_2$ | $A_2$ | $B_3$ | $C_3$ | $A_3$ | |
| $N_1$ | — | 17.72 | 18.63 | — | 12.23 | 18.63 | — | 7.35 | 9.94 | 基本组合，考虑风荷载 |
| $N_2$ | — | 16.61 | 17.55 | — | 11.50 | 17.55 | — | 7.04 | 9.42 | |
| $N/\text{kN}$ | — | 17.72 | 18.63 | — | 12.23 | 18.63 | — | 7.35 | 9.94 | |
| $M_{\text{WK}}/(\text{N}\cdot\text{mm})$ | — | 44 064 | 44 064 | — | 44 064 | 44 064 | — | 44 064 | 44 064 | |
| $N_{\text{w}}/(\text{N}\cdot\text{mm})$ | — | 39 657.6 | 39 657.6 | — | 39 657.6 | 39 657.6 | — | 39 657.6 | 39 657.6 | |
| $\sigma/\text{MPa}$ | — | 154.52 | 161.96 | — | 109.61 | 161.96 | — | 69.72 | 90.86 | |
| $[\sigma]/\text{MPa}$ | — | 205 | 205 | — | 205 | 205 | — | 205 | 205 | |

（2）基础与地基。

脚手架底部采用 160 mm×160 mm×8 mm 的定型钢板底托，底托放置于 20 cm 厚 C25 混凝土找平层上。可变荷载控制的组合（考虑风荷载）为不利组合最大轴力，按以下式（4.44）进行计算：

$$N = 1.0\left(\sum N_{\text{GK1}} + \sum N_{\text{GK2}}\right) + 1.0 N_{\text{QK}}$$
$$= 1.0(G_{\text{k1}} + G_{\text{k21}} + G_{\text{k22}})l_a l_b + 1.0 Q_{\text{k1}} l_a l_b \tag{4.44}$$

计算立杆轴力取所有底层立杆轴力的最大值。

混凝土扩散角按 45° 计算，按展开基础确定立杆基础地面面积：

$$A_g = (0.16 + 2 \times 0.2 \times \tan 45°)^2 = 0.313\ 6(\text{m}^2)$$
$$A_g = \min(A_g, 0.3) = 0.3(\text{m}^2) \tag{4.45}$$

地基承载力按式（4.46）计算，其中 $\gamma_u$ 为永久荷载和可变荷载分项系数加权平均值，按可变荷载控制组合，取 1.254。

$$f_a = \frac{N}{A\gamma_u} \tag{4.46}$$

根据上述计算得到地基承载力计算结果见表 4.44。根据计算结果可知，混凝土找平层应满足地基承载力不小于 40 kPa 的要求；基础与地基承载力满足 JGJ 166—2016《建筑施工碗扣式钢管脚手架安全技术规范》要求。

表 4.44 地基承载力计算结果

| 分段 | 中间段 | | | 渐变段 | | | 端头段 | | | 备注 |
|---|---|---|---|---|---|---|---|---|---|---|
| 分区 | $B_1$ | $C_1$ | $A_1$ | $B_2$ | $C_2$ | $A_2$ | $B_3$ | $C_3$ | $A_3$ | |
| $N/\text{kN}$ | — | 12.84 | 13.54 | — | 8.88 | 13.54 | — | 5.39 | 7.25 | 标准组合 |
| $\max N/\text{kN}$ | — | 13.54 | 13.54 | — | 13.54 | 13.54 | — | 13.54 | 13.54 | |
| $P/\text{MPa}$ | — | 0.53 | 0.53 | — | 0.53 | 0.53 | — | 0.53 | 0.53 | |
| $f_c/\text{MPa}$ | — | 11.9 | 11.9 | — | 11.9 | 11.9 | — | 11.9 | 11.9 | |
| $f_a/\text{kPa}$ | — | 35.98 | 35.98 | — | 35.98 | 35.98 | — | 35.98 | 35.98 | |
| $[f_a]/\text{kPa}$ | — | 40 | 40 | — | 40 | 40 | — | 40 | 40 | |

(3)抗倾覆性。

设计支架高度为 $H=15$ m,宽度为 $B=30.06$ m,架体高宽比 $H/B=15$ m$/30.06$ m$=0.50<3$,按照 JGJ 166—2016《建筑施工碗扣式钢管脚手架安全技术规范》5.3.11 条和 6.3.13 条规定,不需要计算支架抗倾覆稳定性。

综上,抗倾覆承载力满足 JGJ 166—2016《建筑施工碗扣式钢管脚手架安全技术规范》要求。

# 第 5 章　贝雷梁柱式支架的设计方法

## 5.1　概述

近年来,梁柱式支架由于其适用跨度大、施工速度快且造价低等优点,因此在高速公路和城市中的各种互通立交桥、高架道路的现浇简支箱梁或连续箱梁的施工中得到广泛的应用。梁柱式支架通过设置多排立柱和支撑承重梁形成多跨连续梁支架,主要由基础、钢管立柱、卸落设备、分配梁、承重梁、柱顶盖梁(横梁)、剪刀撑和纵横系杆等构成。承重梁依据其跨径可采用工字梁、钢板梁、钢桁梁(贝雷梁、军用梁等)等形式。与其他支架相比,贝雷梁柱式支架克服了受力不均衡和拼装烦琐等缺点,同时具有材料通用性强、造价低廉、施工速度快等优点。因此,贝雷梁柱式支架被广泛应用于工期紧、工程量大的特殊桥梁结构的施工中。本章在对贝雷梁柱式支架结构的典型形式及其在工程中的应用分类进行详细介绍的基础上,对贝雷梁柱式支架的设计方法进行了叙述,为相关施工和设计人员提供了工程设计参考。

## 5.2　贝雷梁柱式支架结构的典型形式

### 5.2.1　基本组成

常见的贝雷梁柱式支架一般分为下部结构和上部结构,如图 5.1 所示。上部结构主要包括分配梁、贝雷梁及横向连接系,其中,贝雷梁是主要承重结构,分配梁是传力构件。分配梁的作用是将模板、脚手架及浇筑混凝土质量传递给贝雷梁,而不分担贝雷梁承受的外荷载。下部结构包括横梁、钢管立柱及纵横连接系,其中,横梁和钢管立柱承受上部结构传递的荷载,纵横连接系仅起到加强钢管立柱纵横向稳定性的作用。

对比很多施工事故案例可以发现,采用贝雷梁柱式支架施工的事故率远比满堂支架施工方式低。这是由于贝雷梁柱式支架与基础连接牢固,极大程度上避免了出现类似满堂支架的连环整体式破坏。在实际施工中,可以通过增设临时跨中立柱,增加钢管数量,增大钢管直径或厚度,增加贝雷片层数或布置密度等方式,灵活提高贝雷梁柱式支架的承载力。

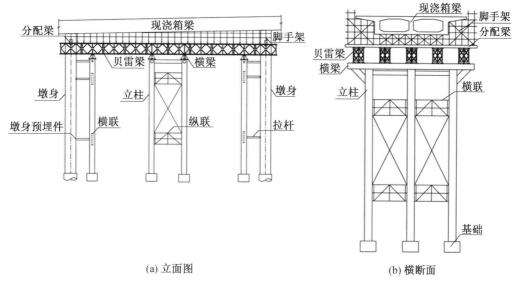

(a) 立面图　　　　　　　　　　　　(b) 横断面

图 5.1　贝雷梁柱式支架

## 5.2.2　主要构配件

**1. 贝雷桁架**

贝雷梁的基本组成单元是贝雷桁架,简称贝雷片,如图 5.2 所示。贝雷片是由上下弦杆、竖杆及斜杆组成的桁架,上下弦杆的一端为阴头,另一端为阳头,通过销子或螺栓插入接头上的连接销孔,可实现贝雷片的快速接长,还可拼接成多层、多排,适用于不同长度及荷载的临时承重结构,贝雷梁目前普遍用于装配式钢桁架桥和支架中。根据需要,贝雷梁可以拼装成以下结构:桥梁施工中用的脚手架、塔架等临时设备;架桥机、起重机等架桥设备;装配式钢桥的梁体及各种钢桥的承重结构;其他临时承重设备。

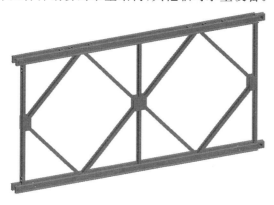

图 5.2　贝雷片

贝雷片的弦杆由两根 10♯ 槽钢(背靠背)组合而成。在下弦杆上,焊有多块带圆孔的钢板,在上、下弦杆内有供与加强弦杆和双层桁架连接的螺栓孔,在上弦杆内还有供连接支撑架用的四个螺栓孔,中间的两个孔是供双排或多排桁架同节间连接使用的,靠两端的两个孔是跨节间连接使用的。多排贝雷片作梁或柱使用时,必须用支撑架加固上下两节贝雷片的结合部。

在下弦杆上,设有四块横梁垫板,其上方有凸榫,用以固定横梁在平面上的位置,在下弦杆的端部槽钢腹板上还设有两个椭圆风构孔,供连接抗风拉杆使用。贝雷片竖杆均用8♯工字钢制成,在两侧竖杆靠下弦杆一侧开有一个方形横梁夹具孔,供横梁夹具固定横梁使用。贝雷片的材料为Q355B,每片重270 kg。

**2. 加强弦杆**

加强弦杆主要用来加强桁架弦杆的承载力,其材料、断面和桁架上弦杆相同,其构造与桁架上弦杆比较,除弦杆螺栓孔座板与桁架弦杆上孔的座板高低位置不同外,其余均相同,加强弦杆如图5.3所示。一根加强杆重80 kg,用两根弦杆螺栓与桁架弦杆相连。

**3. 支撑架**

支撑架又称为花架或花窗,如图5.4所示。支撑架由角钢焊接而成,用于两排桁架之间的连接。连接时,将空心圆锥套筒插入桁架弦杆或端竖杆支撑架螺栓孔内,用支撑架螺栓固定。

图5.3　加强弦杆　　　　　　　　　图5.4　支撑架

**4. 斜撑**

斜撑的作用是增强桁架横向的稳定性,用8♯工字钢制作,其两端各有一个圆锥形套筒,上端插入桁架竖杆支撑架孔,下端套筒插入横梁端的短柱孔内,均用斜撑螺栓固定。一根斜撑重11 kg,承载力为22.5 kN。

**5. 横梁**

横梁的作用为将贝雷片支架荷载和施工荷载均匀传递到钢管立柱上。分配梁的强度及刚度决定着支架的整体稳定性,因此横梁的选用至关重要,可以通过试算选取合适的横梁型号。

**6. 卸落设备(沙箱)**

可调高度的沙箱设置在横梁和钢管立柱之间,主要作用为便于底模和侧模以及贝雷梁的拆除,卸落设备(沙箱)如图5.5所示。

**7. 钢管立柱**

钢管立柱顶部支撑着横梁,下部支撑在承台或基础上,其作用是将支架荷载和施工荷

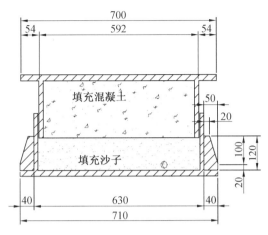

图 5.5 卸落设备(沙箱)

载传递到地基。钢管立柱的直径通常为 609 mm、630 mm 或 820 mm,壁厚为 6~12 mm。当立柱搭设高度较高时,需要在钢管之间加设横联,以保证钢管立柱的稳定性。

## 5.3 贝雷梁柱式支架的结构设计

### 5.3.1 设计依据

(1)GB 50068—2018《建筑结构可靠性设计统一标准》。
(2)GB 50009—2012《建筑结构荷载规范》。
(3)GB 50017—2017《钢结构设计标准》。
(4)GB/T 1591—2018《低合金高强度结构钢》。
(5)JGJ 162—2008《建筑施工模板安全技术规范》。
(6)JTG/T 3650—2020《公路桥涵施工技术规范》。
(7)JTG/T 3650—2020《公路桥涵施工技术规范》实施手册。
(8)TB 10002—2017《铁路桥涵设计规范》。
(9)《铁路公路与地铁施工临时结构设计范例》(2016 年)。
(10)《装配式公路钢桥多用途使用手册》(2002 年)。
(11)《桥梁施工临时结构工程技术》(2012 年)。
(12)《桥梁支架安全施工手册》(2011 年)。
(13)相关施工图纸。

### 5.3.2 荷载

**1. 荷载分类与标准值**

作用在支架上的荷载,可分为恒载和活载两类。
支架的恒载,一般包括下列荷载。
(1)梁体钢筋混凝土自重,应分为腹板、底板、翼缘板分别取值。

(2)结构自重,根据结构布置,从下往下依次叠加,考虑模板、纵横分配梁、支架等。

支架的活载,一般包括下列荷载。

(1)施工人员、施工材料、机具行走运输或堆放荷载。

计算模板及直接支撑模板时,均布荷载可取 2.5 kN/m²,另外,以集中荷载 2.5 kN 进行验算;计算纵、横梁时,均布荷载可取 1.5 kN/m²;计算支架立柱及支撑拱架的其他结构构件时,均布荷载可取 1.0 kN/m²;有实际资料时,按实际取值。

(2)振捣混凝土时产生的荷载。

对水平面模板,采用 2.0 kN/m²,对垂直面模板(侧模),采用 4.0 kN/m²(作用范围在新浇混凝土侧压力的有效压头高度之内)。

(3)倾倒混凝土时冲击产生的水平荷载。

倾倒混凝土时,对垂直面模板产生的水平荷载按表 5.1 采用。

表 5.1 倾倒混凝土时产生的水平荷载　　　　　　　　　　　　　kN/m²

| 向模板中供料方法 | 荷载 | 向模板中供料方法 | 荷载 |
| --- | --- | --- | --- |
| 用溜槽、串筒或导管输出 | 2.0 | 用容量为 0.2～0.8 m³ 的运输器皿倾倒 | 4.0 |
| 用容量小于 0.2 m³ 的运输器皿倾倒 | 2.0 | 用容量大于 0.8 m³ 的运输器皿倾倒 | 6.0 |

(4)模板侧压力。

新浇混凝土对侧面模板的压力按式(5.1)和式(5.2)计算后,取小值;当梁高大于 3 m 时,侧压力计算值若小于 50 kN/m²,则应按 50 kN/m² 取值。

$$P_m = 0.22\gamma_c t_0 k_1 k_2 v^{1/2} \tag{5.1}$$

$$P_m = k_1 \gamma_c h_0 \tag{5.2}$$

式中　$P_m$——新浇混凝土对模板的最大侧压力,kN/m²;

　　　$\gamma_c$——新浇混凝土的密度,取 24 kN/m³;

　　　$t_0$——混凝土的初凝时间,h,初凝时间取值不宜小于 10 h;

　　　$k_1$——外加剂影响修正系数,不掺外加剂时,取 1.0,掺加具有缓凝作用的外加剂时,取 1.2;

　　　$k_2$——混凝土入模坍落度影响修正系数,当坍落度小于 30 mm 时,取 0.85,当坍落度为 50～90 mm 时,取 1.0,当坍落度为 110～180 mm 时,取 1.15;

　　　$v$——混凝土浇筑速度,m³/h;

　　　$h_0$——混凝土有效压头高度,m,为混凝土侧压力计算位置至新浇混凝土顶面的高度,当 $v/t<0.035$ 时,$h_0=0.22+24.9v/t$,当 $v/t\geqslant 0.035$ 时,$h_0=1.53+3.8v/t$;

　　　$t$——混凝土入模时的温度。

(5)风荷载。

$$\omega_k = 0.7\mu_z \mu_s \omega_0 \tag{5.3}$$

式中　$\omega_k$——风荷载标准值,kN/m²;

　　　$\mu_z$——风压高度变化系数;

　　　$\mu_s$——风荷载体型系数,圆形截面取 1.2,其他截面取 1.3,桁架风荷载体型系数取值按 GB 50009—2012《建筑结构荷载规范》取用；

$\omega_0$——基本风压，kN/m²，无设计规定时，按 GB 50009—2012《建筑结构荷载规范》取用。

(6) 流水压力。

流水压力自河床面至施工水位按倒三角形分布，合力作用在施工水位线以下 1/3 处。作用于支架立柱、桩上的流水压力为

$$P_w = K_w A_w \frac{\gamma_w v_w^2}{2g} \tag{5.4}$$

式中　$P_w$——流水压力，kN；

$K_w$——柱、桩形状系数，按 TB 10002—2017《铁路桥涵设计规范》规定采用；

$\gamma_w$——水的密度，kN/m³；

$v_w$——水的流速，m/s；

$A_w$——支架桩、柱阻水面积，m²；

$g$——重力加速度，m/s²，取 9.81 m/s²。

(7) 其他荷载。

其他荷载根据实际情况取值。

**2. 荷载分项系数**

计算模板、支架时的荷载设计值，需采用荷载标准值乘以相应的荷载分项系数求得。

永久荷载的分项系数，取 1.3；计算结构倾覆稳定时，取 0.9。

可变荷载的分项系数，取 1.5。

**3. 荷载效应组合**

支架计算需考虑下列四种工况。

工况 1：按浇筑混凝土工况对支架强度、刚度和稳定性进行计算。

工况 2：模板安装完成后、梁体钢筋安装前的工况，应组合风荷载对支架整体稳定性进行计算。

工况 3：在梁体预应力张拉前拆除侧模时，应按拆除侧模工况对支架强度、刚度和稳定性进行计算。

工况 4：连续梁分段施工时，应考虑预应力筋张拉后梁体荷载，分别对支架强度、刚度和稳定性进行计算。

荷载的基本组合按表 5.2 确定。

表 5.2　荷载组合表

| 部位 | 计算项目 | 荷载组合 | 备注 |
|---|---|---|---|
| 底模板及纵、横梁 | 强度 | 1.3×(①+②)+1.5×(③+④+⑤+⑨) | |
| | 刚度 | ①+②+⑨ | |
| 侧模 | 强度 | 1.5×(④+⑥) | |
| | 刚度 | ⑥ | |

续表5.2

| 部位 | 计算项目 | 荷载组合 | 备注 |
|---|---|---|---|
| 支架结构 | 强度 | $1.3×(①+②)+1.5×(③+⑦+⑧+⑨)$ | |
| | 刚度 | $①+②+⑨$ | |
| | 稳定性（组合风荷载） | $1.3×(①+②)+0.9×1.5×(③+④+⑤⑦+⑧+⑨)$ | 工况1、3、4 |
| | | $0.9×②+0.9×(③+⑦)$ | 工况2 |

注：①、②为5.3.2节中的恒载，③～⑨为5.3.2节中的活载。

### 5.3.3 设计与计算

贝雷梁柱式支架的结构设计可使用以下两种方法。

(1) 利用计算手册提供的有关参数进行设计后，再进行计算，计算在使用荷载作用下的最大应力和挠度。

(2) 根据各杆件的材质、截面力学参数等建立计算模型，利用有限元软件进行计算。

本节详细介绍第一种方法的计算内容及计算过程。

**1. 底模板及分配梁**

模板及其下的纵横分配梁强度、刚度计算可按多跨连续梁计算，也可以采用近似公式计算，本节采用近似公式进行计算。

(1) 抗弯强度。

$$\sigma=\frac{M}{W}=\frac{q_1 l^2}{10W}\leqslant f_{\mathrm{j}} \tag{5.5}$$

式中 $\sigma$——弯曲应力，N/mm²；

$M$——底模或分配梁所受弯矩，N·mm；

$W$——底模或分配梁截面抵抗矩，mm³；

$q_1$——底模或分配梁所受均布荷载，N/mm，不同计算部位的计算项目根据5.3.2节取值；

$l$——底模或分配梁计算跨度，mm；

$f_{\mathrm{j}}$——抗弯强度设计值，N/mm²。

(2) 抗剪强度。

$$\tau=1.5\frac{V}{A}\leqslant f_{\mathrm{jv}} \tag{5.6}$$

式中 $\tau$——剪切应力，N/mm²；

$V$——底模或分配梁所受剪力，N，$V=0.6q_1 l$；

$A$——底模或分配梁截面面积，mm²；

$f_{\mathrm{jv}}$——抗剪强度设计值，N/mm²。

(3) 抗弯刚度。

$$\omega=\frac{q_2 l^2}{150EI}\leqslant C_{\mathrm{R}} \tag{5.7}$$

式中 $\omega$——底模或分配梁弯曲挠度,mm;
$E$——底模或分配梁弹性模量,N/mm$^2$;
$I$——底模或分配梁截面惯性矩,mm$^4$;
$q_2$——底模或分配梁所受均布荷载,N/mm,不同计算部位的计算项目根据5.3.2节取值;
$C_R$——底模或分配梁挠度允许值,mm。

**2. 贝雷梁**

可将贝雷梁简化为等效的矩形梁或按各内部杆件刚接节点的梁单元处理;按等效矩形梁计算时,贝雷梁容许内力见表5.3。贝雷梁变形计算应考虑荷载效应产生的弹性变形和因节段连接时销孔产生的非弹性变形。

表 5.3 贝雷梁容许内力

| 容许内力 | 不加强桥梁 | | | | | 加强桥梁 | | | | |
|---|---|---|---|---|---|---|---|---|---|---|
| | 单排单层 | 双排单层 | 三排单层 | 双排双层 | 三排双层 | 单排单层 | 双排单层 | 三排单层 | 双排双层 | 三排双层 |
| 弯矩/(kN·m) | 788 | 1 576 | 2 246 | 3 265 | 4 653 | 1 687 | 3 375 | 4 809 | 6 750 | 9 618 |
| 剪力/kN | 245 | 490 | 698 | 490 | 698 | 245 | 490 | 698 | 490 | 698 |

(1)抗弯计算。

$$M \leqslant [M] \tag{5.8}$$

式中 $M$——荷载作用下单排单层贝雷梁弯矩值,kN·m;
$[M]$——单排单层贝雷梁弯矩容许值,kN·m。

(2)抗剪计算。

$$V \leqslant [V] \tag{5.9}$$

式中 $V$——荷载作用下单排单层贝雷梁剪力值,kN;
$[V]$——单排单层贝雷梁剪力容许值,kN。

(3)刚度验算。

$$\omega \leqslant [\omega] \tag{5.10}$$

式中 $\omega$——荷载作用下单排单层贝雷梁挠度值,mm;
$[\omega]$——单排单层贝雷梁挠度容许值,mm。

注:贝雷梁的挠度值为弹性挠度和非弹性挠度之和。弹性挠度采用常规的结构力学方法进行计算,非弹性挠度可由下列经验公式取值:当贝雷梁节数为奇数时,$f_{max} = \dfrac{d(n^2-1)}{8}$;当贝雷梁节数为偶数时,$f_{max} = \dfrac{dn^2}{8}$,其中,$n$ 为贝雷梁节数,$d$ 为常数,对单层贝雷梁取 0.355 6 cm,对双层贝雷梁取 0.171 7 cm。

**3. 横梁(柱顶盖梁)**

横梁应根据支架结构形式,按简支梁或多跨连续梁进行计算。横梁计算包括抗弯强度计算、抗剪强度计算和刚度计算(参考 GB 50017—2017《钢结构设计标准》)等。

(1)抗弯强度。

$$\sigma = \frac{M}{W} \leqslant f_1 \quad (5.11)$$

式中　$\sigma$——弯曲应力，N/mm²；
　　　$M$——横梁所受弯矩，N·mm；
　　　$W$——横梁截面抵抗矩，mm³；
　　　$f_1$——抗弯强度设计值，N/mm²。

(2)抗剪强度。

$$\tau = \frac{VS}{It_w} \leqslant f_{jv} \quad (5.12)$$

式中　$\tau$——剪切应力，N/mm²；
　　　$V$——最大剪力值，N；
　　　$I$——毛截面惯性矩，mm⁴；
　　　$t_w$——腹板厚度，mm；
　　　$f_{jv}$——抗剪强度设计值，N/mm²。

(3)刚度。

$$\omega = \frac{l}{400} \quad (5.13)$$

式中　$\omega$——荷载作用下的最大挠度值，mm；
　　　$l$——受弯构件的跨度（对悬臂梁或伸臂梁，为悬伸长度的2倍），mm。

**4. 钢管立柱**

贝雷梁柱式支架立柱多采用钢管立柱，支架设计时，主要计算立柱轴力、稳定和变形。

(1)强度验算。

$$\sigma = \frac{N}{A} + \frac{M_p}{W} \leqslant f \quad (5.14)$$

式中　$N$——不组合风荷载时立柱的轴力，N；
　　　$A$——立柱净截面面积，mm²；
　　　$M_p$——考虑立柱垂直度和柱顶横梁安装误差，由轴力 $N$ 对立柱产生的弯矩，
　　　　　　N·mm，偏心距根据安装精度按实际情况计取且不得小于50 mm；
　　　$W$——立柱净截面抵抗矩，mm³。

(2)稳定验算。

考虑风荷载作用时，有

$$\sigma = \frac{N_W}{\varphi A} + \frac{M_p}{W} + \frac{0.9 M_W}{1.15 W \left(1 - 0.8 \dfrac{N_W}{N_E}\right)} \leqslant f \quad (5.15)$$

式中　$N_W$——组合风荷载时立柱的轴力，N；
　　　$\varphi$——轴心受压立杆的稳定系数，按 GB 50017—2017《钢结构设计标准》相关规定
　　　　　　根据计算长细比查表得到；
　　　$M_W$——风荷载产生的立柱弯矩，N·mm；

$N_E$——欧拉临界力,N。

(3)立柱竖向位移。

考虑风荷载作用时,有

$$\delta_x = \frac{Nl}{EA} \tag{5.16}$$

式中　$N$——立柱计算恒载,N;
　　　$l$——立柱总高度,mm;
　　　$E$——钢材弹性模量,N/mm²;
　　　$A$——立柱净截面面积,mm²。

**5. 立柱支撑**

(1)长度为 $l$ 的单根柱设置一道支撑,支撑力为 $F_{bl}$。

当支撑位于柱高度中间时,有

$$F_{bl} = \frac{N}{60} \tag{5.17}$$

当支撑位于距柱端 $al$ 处时($0 < a < 1$),有

$$F_{bl} = \frac{N}{240(1-a)} \tag{5.18}$$

式中　$N$——被支撑构件的最大轴心力,kN。

(2)长度为 $l$ 的单根柱设置 $m$ 道等间距支撑时(间距不等但与平均间距相比相差不超过 20%),单个支撑点的支撑力为

$$F_{bm} = \frac{N}{30(m+1)} \tag{5.19}$$

(3)被支撑构件为多根柱组成的柱列,在柱高度中央附近设置一道支撑时,支撑力为

$$F_{bn} = \frac{\sum N_i}{60}\left(0.6 + \frac{0.4}{n}\right) \tag{5.20}$$

式中　$n$——柱列中被支撑柱的根数;
　　　$\sum N_i$——被撑柱同时存在的轴心压力计算之和,kN。

**6. 整体抗倾覆**

支撑结构应组合风荷载进行整体抗倾覆稳定性分析,整体抗倾覆稳定宜按模板安装或尚未安装梁体工况,按下式进行抗倾覆稳定性计算:

$$K = \frac{M_k}{M_q} \tag{5.21}$$

式中　$K$——结构抗倾覆稳定系数,不小于 1.5;
　　　$M_k$——结构抗倾覆力矩,kN·m,由模板体系和支架结构重力荷载对倾覆支点取矩;
　　　$M_q$——结构倾覆力矩,kN·m,由作用在模板体系和支架结构上的风荷载对倾覆支点取矩。

分别计算作用于模板、纵梁、立柱上风荷载倾覆力矩,风荷载按 GB 50009—2012《建筑结构荷载规范》取值计算。

**7. 地基承载力**

支架结构的明挖基础和桩基础可按 GB 50007—2011《建筑地基基础设计规范》和 JGJ 94—2008《建筑桩基技术规范》进行设计；地基处理可按 JGJ 79—2012《建筑地基处理技术规范》进行设计。

**8. 预拱度计算与设置**

(1) 预拱度计算。

梁体底模应在加载预压前设置预拱度，并根据加载预压结果调整，预拱度计算可参考表 5.4 取值。

表 5.4 预拱度

| 项目 | 参考取值 | |
|---|---|---|
| 由梁体自重、二期恒载、1/2 活载及混凝土收缩徐变、预应力施加等引起的梁体竖向挠度 $\delta_1$ | 设计提供 | |
| 支架在荷载作用下的弹性变形 $\delta_2$ | 按承载力计算柱顶横梁、贝雷梁、立柱的变形值，并依次叠加 | |
| 支架在荷载作用下的非弹性变形 $\delta_3$ | 木与木每个接头：顺木纹 2 mm，横木纹 3 mm | |
| | 木与钢或混凝土每个接头约 2 mm | |
| | 支架卸落设备的承压变形 | 沙筒：2～4 mm |
| 基础沉降变形 $\delta_4$ | 桩基础沉降变形根据计算及试验确定 | |

(2) 预拱度设置。

支架结构可按拱二次抛物线进行预拱度设置：

$$\delta_x = \frac{4\delta_1 x(L-x)}{L^2} + \delta_{2x} + \delta_{3x} + \delta_{4x} \tag{5.22}$$

式中　$\delta_x$——距梁体支点 $x$ 处的预拱度，m；

　　　$x$——距梁体支点的距离，m；

　　　$L$——梁体跨度，m；

　　　$\delta_{2x}$、$\delta_{3x}$、$\delta_{4x}$——距梁体支点 $x$ 处的支架弹性变形值、非弹性变形值和基础沉降变形值，m。

当支架实际预压变形值与计算挠度值存在较大误差时，重新评价支架安全性，查明原因并采取措施，保证支架安全后方可继续施工。

**9. 结果验算**

支架结构应根据受力情况分别计算其强度、刚度及稳定性，计算结果应满足下列要求。

(1) 支架结构或构件的应力。

支架结构或构件的应力应满足有关规范要求。

(2) 支架结构受弯构件的弹性挠度。

JTG/T 3650—2020《公路桥涵施工技术规范》5.2.8 条验算模板、支架的刚度时，其最大变形值不得超过下列允许值。

结构表面外露的模板，挠度为模板构件跨度的 1/400。

结构表面隐蔽的模板,挠度为模板构件跨度的1/250。

支架受载后挠曲的杆件(横梁、纵梁),其弹性挠度为相应结构计算跨度的1/400。

钢模板的面板变形为1.5 mm,钢棱和柱箍变形为$L/500$和$B/500$(其中,$L$为计算跨径,$B$为柱宽)。

(3)支架结构稳定性。

支架结构的抗倾覆稳定系数不小于1.5。

# 第6章 梁柱式支架的典型事故分析

## 6.1 概述

近些年,随着发展中国家建筑业的飞速发展,支架体系坍塌事故时有发生。梁柱式支架一旦发生事故,通常会导致人员伤亡,给国家和人民的生命财产带来巨大损失。本章收集和整理了9个梁柱式支架典型事故案例,事故的直接原因大致分为三类:构件承载力不足、刚度不足和局部失稳。从设计与计算、施工、管理三个方面对导致工程事故发生的问题进行整理与总结,并针对事故原因提出工程应对措施。

## 6.2 梁柱式支架的典型事故案例的收集和整理

本节收集整理了1996—2019年间的9起梁柱式支架坍塌事故,其中7起来自国内,2起来自国外,共造成119人死亡,受伤超百人,直接经济损失超数千万元。事故出现的地域主要集中在长江流域及东南沿海地区。发生事故工程结构均为桥梁结构。

### 6.2.1 典型事故案例1

某大桥是某省的一个重点建设项目。1996年,正在施工中的某大桥因施工支架失稳突然坍塌(图6.1),造成32人死亡,59人受伤(17人重伤),直接经济损失360万元。

(a) 施工现场原貌　　　　　　　　　　　(b) 坍塌现场

图6.1 某省某大桥施工现场照片

(案例引自《华南新闻》)

事故的主要原因是承载力和整体刚度不足,从而引起梁柱式支架失稳坍塌。下面从直接原因和间接原因两方面对该事故的原因进行分析。

**1. 直接原因**

(1)施工支架结构形式不合理。施工支架未进行整体结构的设计和计算,对支架的整体稳定性没进行认真科学的计算,没有进行整体结构受力分析,凭经验采取门式结构,而实际形成一个不稳定的结构形式。

(2)施工中加载不均衡、不对称,造成受力不均衡。在该桥的施工中,由于没有单独完整的施工组织设计,因此没有按施工技术规范进行分环分段浇筑计算。

**2. 间接原因**

(1)施工组织管理混乱。

该施工过程违反中华人民共和国交通运输部 JTG/T 3650—2020《公路桥涵施工技术规范》3.1.2 条、3.1.3 条。"桥涵开工前,应根据设计文件和任务要求,编制施工方案"、2.1.4 条"大桥、特大桥的实施性施工组织设计,应根据施工方案单独编制,其内容比施工方案明确、详尽"的规定,对此大桥,施工中随意性很大。大桥支架安装完成后,未按 JTG F90—2015《公路工程施工安全技术规范》规定的要求进行荷载或预压试验,也未进行验收就投入使用。

(2)施工应急处理措施失当。

在浇筑过程中,曾多次出现模板和钢筋翘起等事故征兆,但没有认真分析原因,采取了用人踩、用预制板压等失当的、不正确的措施,更加剧了支架的不稳定性。

(3)大桥监理不到位。

在没有得到施工支架图纸、计算书和施工组织设计,根本无法确保施工质量和安全的情况下,没有下令停止施工,却签认了拱圈模板和钢筋混凝土的施工。1996 年 12 月 19 日至 20 日是拱底板浇灌的关键时间,但从 19 日晚到 20 日上午 7 点 30 分前却无人旁站监理,以致对施工过程中的违章冒险作业的行为未能发现和制止,出现危险征兆未能及时督促施工单位采取有效措施。

## 6.2.2 典型事故案例 2

某高速公路匝道桥的合同段,全桥一联,全长 86 m,桥宽 19.0 m。上部结构混凝土现浇支架由三孔贝雷支架和一孔满堂式支架组成。贝雷支架整体呈三孔连续体系,中间两只墩分别由两排或三排钢管柱组成。预计加载总重为 1 065 t。

2001 年,某匝道桥模板支撑架在加载预压时发生垮塌,造成 6 人死亡、20 人受伤的重大事故,事故现场如图 6.2 所示。

事故的主要原因是局部变形,从而引起梁柱式支架失稳坍塌。下面从直接原因和间接原因两方面对该事故的原因进行分析。

**1. 直接原因**

(1)施工过程中擅自改变施工方案,支架体系存在明显缺陷和严重隐患,整体稳定性差。

(2)匝道桥 1#墩钢管立柱直接立在水泥混凝土路面上,路面产生开裂,钢管立柱产

图 6.2　某匝道桥模板支撑架坍塌事故现场
(案例引自《中华人民共和国交通部交公路发〔2001〕675 号》)

生了一定的竖向和水平位移,贝雷支架缺少斜向支撑,横向约束薄弱,在堆载的外力作用下,由支撑体系的局部变形引发支撑体系整体失稳破坏,造成桥梁支架垮塌。

**2. 间接原因**

(1)施工单位变更施工方案,将满堂脚手架的大部分改为贝雷支架,并在未得到监理批准的情况下擅自施工。

(2)监理方未采取有效措施予以制止并及时向上级汇报。

(3)现场技术力量薄弱,管理混乱。施工单位仅有一名技术人员,其余均为民工,施工单位未按要求对民工进行安全教育,堆沙作业程序不规范,产生不均匀荷载。

(4)未按要求对加载过程的变形进行跟踪观测,未能实时了解支架加载过程中的变形情况,加载过程存在盲目性。

(5)监理单位的监理工作监督检查不力。

(6)施工安全监督管理不严。

### 6.2.3　典型事故案例 3

2007 年,国外某市正在建设中的某高架桥突然发生垮塌,共造成至少 20 人死亡,数十人受伤。发生事故的高架桥长 1.7 km,已建设一年半,原计划 2007 年 12 月通车,预计这座桥可以抵御地震和恐怖袭击。事故现场如图 6.3 所示。

事故的主要原因是承载力不足,从而引起梁柱式支架失稳坍塌。下面从直接原因和间接原因两方面对该事故的原因进行分析。

**1. 直接原因**

(1)强降雨引起的积水导致桥墩出现偏心荷载而倒塌。

(2)落梁搭在支架上,支架体系承载力无法支撑上部梁段而垮塌。

**2. 间接原因**

(1)设计高架桥时未考虑强降雨天气对整体结构的影响,安全系数考虑不足。

(a) 现场近景

(b) 坍塌现场

图 6.3　国外某市抗震桥坍塌事故现场

（案例引自《沈阳晚报》）

（2）设计临时结构时未考虑梁段落在下部支撑结构上的情况，导致支架体系承载力无法支撑上部梁段。

（3）现场管理、参建单位管理、监管部门管理方面存在缺失。

### 6.2.4　典型事故案例 4

国外某大桥全长 15.8 km，主桥段长 2.75 km，于 2004 年 9 月开始修建，原计划在 2008 年完成，总投资为 2.95 亿美元，大桥横跨湄公河的九条流域之一的后江，建成后将成为越南南部、湄公河三角洲地区最大的桥梁。

2007 年，南部建设的某大桥一座塔吊倒下，砸在 13♯ 梁段上，导致该梁段坍塌，然后 14♯、15♯ 梁段随之坍塌，共造成至少 60 人死亡，170 多人受伤，事故现场如图 6.4 所示。

(a) 坍塌现场

(b) 坍塌近景

图 6.4　国外某大桥坍塌事故现场

（案例引自《新华网》）

事故的主要原因是局部失稳，从而引起梁柱式支架失稳坍塌。下面从直接原因和间接原因两方面对该事故的原因进行分析。

**1. 直接原因**

（1）巨型塔吊起重机倒塌产生的冲击荷载导致梁段坍塌。

(2)临时墩支柱错位,大雨使地基变薄弱,导致重心发生偏移下沉,最终引发大桥的坍塌。

**2. 间接原因**

(1)设计阶段大桥的安全系数很低,荷载未考虑全面。
(2)工程师将建议报告交给总负责人,未收到回复的情况下继续施工。
(3)下雨引起临时墩地基承载力下降,却没有检测及时反馈。
(4)临时结构基础处理不当,导致下雨引起地基软化。

### 6.2.5 典型事故案例5

某大桥为当时世界上跨度最大的公铁两用斜拉桥。为了安全着想和方便施工,在铺设其中两桥墩的桥面时,施工方首次使用微预应力支架法施工,先将钢架铺设在桥墩间,然后在钢架上逐渐增加沙袋质量,以检测桥墩的承重量,桥墩的设计承重为1 200 t。

2008年,该大桥采用新型钢结构支架用于试验承重,在加载至1 100 t左右时,长50 m、宽27 m的横梁与沙袋坠落。事故现场如图6.5所示。

(a)坍塌位置示意图　　(b)坍塌现场

图6.5　某大桥坍塌事故现场
(案例引自《新京报》)

事故的主要原因是承载力不足,从而引起梁柱式支架失稳坍塌。下面从直接原因和间接原因两方面对该事故的原因进行分析。

**1. 直接原因**

当加载到1 100 t时,架子下的精轧螺纹钢承载力不足突然断裂,导致新型微预应力支架变形坍塌。

**2. 间接原因**

微预应力支架支撑体系承载力的研究尚不完善,用于实际工程为时尚早。

### 6.2.6 典型事故案例6

某枢纽工程的主要开发任务是保证某城市群生产生活用水,适应滨水景观带建设和进一步改善某段航道通航条件,兼顾发电等功能。

2012年,该枢纽工程左岸引桥半幅一跨(53#、54#桥墩段),在浇筑过程中,发生支架倾塌,4名施工作业人员受轻伤,事故直接经济损失27.6万元。事故现场如图6.6

所示。

(a) 桥断处近景

(b) 倾塌现场

图 6.6　某枢纽工程倾塌事故现场

（案例引自《北京日报》）

事故的主要原因是地基承载力不足，从而引起梁柱式支架失稳坍塌。下面从直接原因和间接原因两方面对该事故的原因进行分析。

**1. 直接原因**

因连续降雨致使桥梁施工支架的临时墩地基承载力下降，支架加载后，产生不均匀沉降，发生倾斜变形。

**2. 间接原因**

(1) 施工方未对施工区域连续降雨的特殊情况进行安全预警。

(2) 现场出现不均匀沉降，安全监测不到位。

(3) 大桥监理不到位。

## 6.2.7　典型事故案例 7

某高架工程全长约 8.5 km。地面道路路幅宽度为 60～64 m，设计为双向 6～8 车道；主线桥（即高架主桥）宽度为 25.5 m，设计为双向 6 车道。该高架概算投资约 26.2 亿元（不含供电）。高架与某大道交口为立体四层结构，其中，跨大道下穿采用贝雷梁作为支撑体系地基的一部分。

2012 年，正在进行预压试验的某高架桥贝雷梁支架因加载不平衡导致贝雷梁倾斜，造成 6 人受伤（1 人重伤），事故现场如图 6.7 所示。

事故的主要原因是侧向刚度不足，从而引起梁柱式支架失稳坍塌。下面从直接原因和间接原因两方面对该事故的原因进行分析。

**1. 直接原因**

预压试验操作时，没有将预压石块放在正确的位置，受力点失去平衡，导致贝雷梁发生倾斜。

**2. 间接原因**

事故通知不到位。试验现场还有工人滞留，当贝雷梁发生倾斜时，致使一名工人手臂骨折。

(a) 施工现场原貌　　　　　　　　　　(b) 倒塌现场

图 6.7　某高架桥倒塌事故现场

(案例引自《河南商报》)

## 6.2.8　典型事故案例 8

某铁路扩能改造工程是国家重点建设项目之一。扩能改造后,该铁路将按照全新线位走向,全线长 188.3 km,设计速度为 200 km/h,项目总投资为 179.7 亿元。

2014 年,属于铁路扩能改造工程的某大桥在建工地发生坍塌事故,造成 1 人死亡,1 人重伤,事故现场如图 6.8 所示。

(a) 救援现场　　　　　　　　　　(b) 坍塌现场

图 6.8　铁路扩能改造工程某大桥坍塌事故现场

(案例引自《中国新闻网》)

事故的主要原因是侧向刚度不足,从而引起梁柱式支架失稳坍塌。下面从直接原因和间接原因两方面对该事故的原因进行分析。

**1. 直接原因**

箱梁未水平放置在贝雷架上,导致整体贝雷架受偏心加载而引起部分贝雷架倒塌。

**2. 间接原因**

(1)施工现场未及时通知,导致有工人在箱梁作业面下部作业。

(2)大桥监理不到位。

(3)现场安全技术交底未落实,导致施工放置箱梁时的位置出现问题。

### 6.2.9 典型事故案例9

某大桥桥梁总长280 m,主桥采用预应力混凝土部分斜拉桥,引桥为预应力混凝土现浇连续箱梁,桥梁投资预算为9 746.82万元。

2014年,该大桥某作业面发生坍塌事故,造成1人死亡,10人受伤,经济损失逾500万元,事故现场如图6.9所示。

(a) 施工现场原貌

(b) 坍塌现场

图6.9 某大桥施工事故现场
(案例引自《中国新闻网》)

事故的主要原因是承载力及整体刚度不足,从而引起梁柱式支架失稳坍塌。下面从直接原因和间接原因两方面对该事故的原因进行分析。

**1. 直接原因**

(1)《支架施工方案》设计文件存在缺陷。
(2)支架施工未严格按设计方案进行。
(3)浇筑施工组织程序有缺陷。
(4)支架地基弱,土层有缓慢下沉。

**2. 间接原因**

(1)企业安全生产主体责任落实不到位是造成事故的重要原因。
(2)施工现场安全管理混乱,对事故预防工作不力。
(3)安全监理职责履行不到位。
(4)经济开发区管理委员会属地监管责任落实不到位,事故预防工作不力。

## 6.3 梁柱式支架的事故原因分析

以事故案例1的大桥项目为例,该工程由根本不具备承建该工程施工资质的施工单位承建,又在未征得原设计单位同意的情况下就擅自改变施工方案,并采用缺乏科学依据的不正确的门式支架结构,同时,在后来的整个施工过程中接连发生的人为决策和指挥管理错误,加剧了事故危险因素的累积、演变,特别是当大桥坍塌的危险征兆已经十分明显时,施工单位的管理者们仍麻痹大意,不进行认真科学的分析,事故的发生正是这各种原因综合而成。本节从设计、施工和管理三个方面对梁柱式支架事故的主要原因进行分析。

### 6.3.1 设计原因

**1. 设计和计算考虑不足**

施工支架整体的受力分析、设计和计算不充分,对支架的整体稳定性未进行有效验算,均有可能导致支架存在安全隐患。如根据经验设计结构形式,未考虑增加其他措施保证结构稳定;施工支架设计阶段未考虑强降雨引起的积水对结构产生偏心荷载、强降雨对地基承载力及变形等方面的影响,选取安全系数过低,导致结构设计达不到安全标准(图6.10);设计时,未考虑预应力张拉对下部支撑结构的影响,预应力筋发生大面积绷断而导致支架体系失稳坍塌(图6.11)。

图6.10 施工现场积水情况　　　　图6.11 现场原位张拉预应力
(图例引自《美篇网》)　　　　　　(图例引自《搜狐网》)

**2. 计算书与实际情况不符**

设计单位直接采用其他项目支架的计算结果来顶替正在施工的项目,或设计单位提交的资料与实际项目有所出入,如恩施市某大桥项目中,支架地基存在问题,设计时将基础建在软弱地层等不利地基上,由于地基较弱,因此在承受荷载时有缓慢下沉,最终引发施工事故,如图6.12和图6.13所示。

图6.12 软弱土层开裂　　　　　　图6.13 路面受地下水侵蚀塌陷
(图例引自《筑龙学社网》)　　　　(图例引自《搜狐新闻网》)

**3. 体系传力不明确导致杆件承载力不足**

一般梁柱式支架结构形式较为明确(图6.14),但部分项目为满足现场要求采用了新型结构形式,但新型结构形式若未进行系统研究,将导致结构传力不明确,部分杆件会因受力过大而破坏,引发施工事故。如武汉某大桥项目中,采用的新型微预应力支架由于传力路径不明确,因此加载试验时,架子下的精轧螺纹钢承载力不足突然断裂,致使结构变形坍塌(图6.15)。

图6.14 预应力支架示意图(单位:mm)
(图例引自《筑龙学社网》)

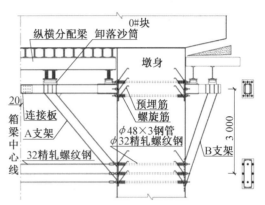

图6.15 常见梁柱式支架结构形式
(图例引自《筑龙学社网》)

**4. 荷载与构造设计存在不足**

设计方对主要受力构件的计算方法不正确。在荷载计算时,参数取定不严谨,存在前后不一致的情况;未严格按照规范进行荷载验算,对混凝土浇筑施工方法、人员机具荷载等各种影响因素考虑不周全,从而影响荷载组合的正确性与规范性;地基承载力作为梁柱式支架体系设计必须验算的一项却常常被忽略。

设计时,临时支撑结构的地基不符合规定要求的坚实、平整、有排水措施等;钢管立柱与基础底板及立柱与连系梁焊缝质量未达到构造标准;柱间未布置一定的斜向支撑;横、纵梁的交叉连系构件未按构造要求布置。

### 6.3.2 施工原因

**1. 施工方案存在缺陷**

违反中华人民共和国交通运输部JTG/T 3650—2020《公路桥涵施工技术规范》3.1.2条和3.1.3条"桥涵开工前,应根据设计文件和任务要求,编制施工方案"、2.1.4条"大桥、特大桥的实施性施工组织设计,应根据施工方案单独编制,其内容比施工方案明确、详尽"的规定,未编写施工方案、施工组织设计以及安全技术交底等文件。或者施工企业将设计计算书当成施工方案,文字作为方案主要表达方式,缺少图作为说明。

支架施工方案设计文件存在缺陷。方案主要内容不全无翔实的应急救援预案和支架监测具体计划,特别是没有浇捣混凝土时桥体支架变形的监控人员安排及措施;无支架分部分项检查验收的具体要求资料内容;方案专家论证形式不完整,专家组成人数不足,没有提交《论证报告》;部分临时支架工程安全专项施工方案编制粗糙,未突出工程施工特点、针对性和指导性差,支撑体系的设计计算、材料规格、连接方式脱离实际工程,未附施工平面图和构造大样,对支撑体系搭设工艺叙述不清,不能起到有效指导施工的作用(图

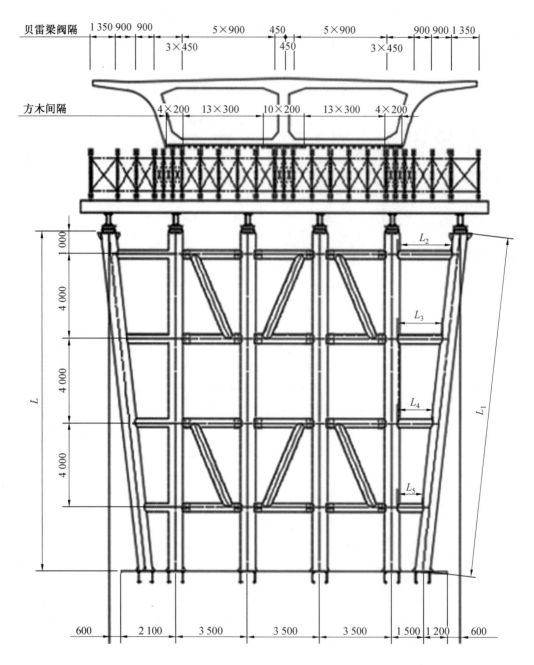

图 6.16 梁柱式支架断面布置图(单位:mm)

6.16~6.19)。如某大桥项目中,由于场地规划有问题,支架结构倒塌后引起一座焊接用燃料储气罐发生爆炸,引发二次事故的发生。

## 第6章 梁柱式支架的典型事故分析

图6.17 贝雷梁间连接构件

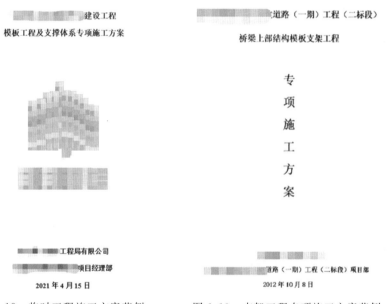

图6.18 临时工程施工方案范例　　图6.19 支架工程专项施工方案范例

**2. 未严格按照规范和方案组织施工**

施工单位未严格按JTG/T 3650—2020《公路桥涵施工技术规范》10.6.26条规定的施工组织设计进行施工。在支架及模板搭设完毕之后,未进行预压试验;未在混凝土浇筑过程中进行监测,对支架稳定性及地基沉降无法预知;在混凝土浇筑过程中,未按施工组织设计要求的顺序均匀加载。如事故案例1的大桥项目中,由于没有单独完整的施工组织设计,没有按施工技术规范进行分环分段浇筑计算,在实际浇筑过程中,简单采用分别从两个方向拱脚开始向拱顶浇筑后从中间浇筑的方式,后由于施工原因,改为从两边向上浇的方式;中途一方混凝土泵坏了,两边浇筑速度不均衡,加载不对称,致使整个支架受力不平衡。

未严格按照支架施工方案进行施工。未对已搭设完的支架、模板等进行严格的检查验收及专家回访等工作;放置箱梁时,未水平放置在贝雷架上,导致整体贝雷架受偏心加载;浇筑施工未实行对称施工造成上下游两侧加载严重不均匀。如某匝道桥项目中,1#墩钢管立柱直接立在水泥混凝土路面上,未对路面做加固处理,在施工过程中,路面产生开裂,钢管立柱产生了一定的竖向和水平位移,贝雷支架缺少斜向支撑,横向约束薄弱,在堆载的外力作用下,由于支撑体系的局部变形引发支撑体系整体失稳破坏,因此桥梁支架垮塌。

支架施工未严格按设计方案进行。立柱钢管与预埋钢板未按设计要求满焊(图6.20);分配梁随意用规格更小的工字钢替代(图6.21);随意调整钢管立柱间距等。在恩施市某大桥项目中,钢管立柱与基础预埋件的连接处的焊接质量不合格,并没有将立柱钢管与预埋钢板焊接;调节块拼组的焊接质量不符合方案设计要求,且多层叠加增加了变形的可能性;主分配梁型钢采用小截面工字钢替代;随意调整钢管立柱间距,改变了主分配梁的设计受力状态,达不到承重需求。

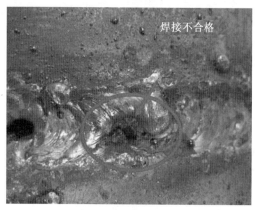
图6.20 焊缝达不到要求
(图例引自《搜狐新闻网》)

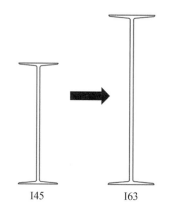
图6.21 更换分配梁型号

**3. 施工安全监测不到位**

未按规范要求对预加载及加载过程的变形进行跟踪观测,未能实时了解支架加载过程中的变形情况,加载过程存在盲目性(图6.22);强降雨引起的临时结构地基变形及承载力变化未检测并进行反馈;现场地基出现不均匀沉降,安全监测不到位(图6.23)。

**4. 施工现场处理措施失当**

施工方遇到施工进度延期等情况时,未按应急预案处理。如某大桥项目中,在浇筑过程中,曾多次出现模板和钢筋翘起等事故征兆,但没有认真分析原因,采取了用人踩、用预制板压等失当的、不正确的措施,更加剧了支架的不稳定性。

临时结构基础处理不当,导致下雨引起地基软化;地基承载力不足时,未做加固处理。如印度某桥、越南某大桥和某枢纽工程项目中,均未对施工区域连续降雨的情况进行安全预警并采取相应措施。

# 第 6 章 梁柱式支架的典型事故分析

图 6.22 施工加载造成变形

图 6.23 积水造成路面沉降
（图例引自《网易新闻网》）

## 6.3.3 管理原因

**1. 施工单位不遵守规定擅自调整施工方案**

施工单位出于造价、工期等原因，调整施工方案，在未得到审核批准的情况下擅自施工。如某高速公路项目中，施工单位修改施工方案将满堂脚手架的大部分改为贝雷支架，并在未得到监理批准的情况下擅自施工。

**2. 专项方案编审存在漏洞**

施工企业对高支模体系未引起足够重视，未把好专项方案的编审关、实施关和验收关；对设计施工方案的重点部位和重点环节的检查督促落实不到位；高大支撑体系安全专项施工方案未按规定组织专家组进行论证审查，或有的项目虽经过了专家组论证审查，但专家组的意见建议未能在专项施工方案中得到改进和完善，也未能在搭设过程中逐项落实。

**3. 施工项目部管理不当**

未严格按照相关法律、法规、规章和规范性文件要求对工程实施安全管理，施工项目部质量安全保证体系不健全，责任制不落实，未认真履行职责；安全技术交底流于形式，施工现场沟通不及时；总包单位未对支架结构中使用的材料和机具设备等进行检查和更换。如贝雷架等构件在工程中重复使用，在使用过程中会发生碰撞、腐蚀、疲劳等情况而造成损耗；设备、设施、工具等存隐患（图 6.24）。

部分项目施工过程中未依据工程师建议报告进行施工、项目部安全生产主体责任落实不到位、施工单位技术人员不足、未按要求对民工进行安全教育；现场工人违规滞留均会对项目安全产生隐患，安全防护用品展示如图 6.25 所示。

图 6.24 贝雷架缺陷

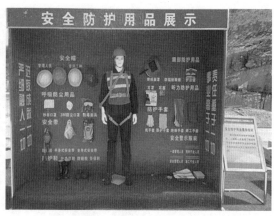
图 6.25 安全防护用品展示
（图例引自《建材网》）

**4. 监理单位安全工作未落实**

从大部分事故的原因中分析发现,事故的发生和监理工作未落实有密切关系。监理单位对临时支架工程安全专项施工方案的审核基本上只是履行签字手续,没有进行实质性审查,也未能提出有针对性的审核意见；监理单位未严格履行监理职责,监理流于形式,监理过程中发现的安全隐患未能及时地督促整改、制止和报告；对支撑体系搭设过程监控不力,未严格按照规范和经审批的专项施工方案要求组织验收；临时支架工程未严格按照规范和专项施工方案要求进行专项验收,部分施工单位和监理单位参加验收仅履行签字手续,而有的项目根本未正式组织验收就进入下一道工序施工,验收程序形同虚设。

如恩施市某大桥项目中,在混凝土浇筑旁站时,出现了加载不均的情况,未及时制止,安全监理职责履行不到位。如某大桥项目中,在没有得到施工支架图纸、计算书和施工组织设计,根本无法确保施工质量和安全的情况下,没有下令停止施工,并签认了拱圈模板和钢筋混凝土的施工。在拱底板浇灌的关键时间却无人旁站监理,以致对施工过程中的违章冒险作业的行为未能发现和制止,出现危险征兆未能及时督促施工单位采取有效措施。

**5. 监管单位监管工作不力**

监管单位安全生产红线意识不强、对安全生产工作重视程度不够,专项治理工作不深入、不落实,事故预防工作不力,安全监管不力；对监理单位的监理工作监督检查不力；施工安全监督管理不严。

如恩施市某大桥项目中,属地管理委员会监管责任落实不到位,安全生产责任制落实不到位,开展"打非治违"工作不力,开展隐患排查治理工作不力,事故预防工作不力。当地市住房和城乡建设局落实省有关部门关于保护工人生命安全的通知等工作不力,开展"打非治违"工作不力,开展隐患排查治理工作不力,落实"管行业必须管安全,管业务必须管安全"要求不力,事故预防工作不力。

综合上述三方面原因,将梁柱式的事故主要原因总结为图 6.26。

第6章 梁柱式支架的典型事故分析

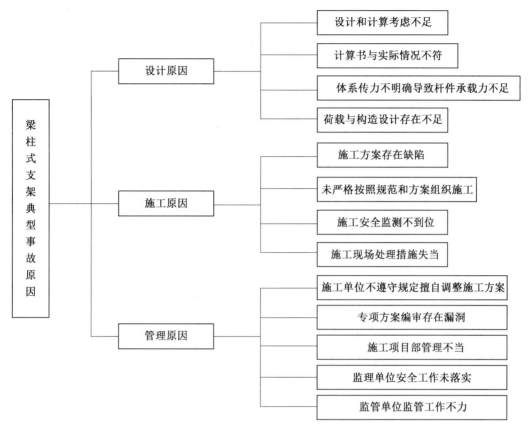

图6.26 梁柱式支架典型事故原因

## 6.4 梁柱式支架事故的工程应对

### 6.4.1 设计方面

**1. 设计和计算应考虑全面**

对梁柱式支架整体进行强度、刚度、稳定性等方面的计算,必要时可进行有限元模拟分析,帮助完成梁柱式支架体系的设计和计算。掌握当地的地质及天气情况的详细资料,选取安全系数等参数时,应充分考虑降雨或施加的预应力等因素对结构的影响,保证结构的设计达到安全标准。

**2. 计算书应符合工程实际**

严禁不经设计计算直接采用其他工程的梁柱式支架计算书,设计人员应充分掌握施工现场的实际情况,必要时应去现场了解场地的真实情况。各方提供的场地资料需确保其真实可靠性,必要时应原位检测地质条件。

**3. 明确结构形式传力路径**

梁柱式支架虽为临时结构,但其结构受力路径应明确清晰,不可大范围选用尚在研究阶段的结构形式,采用新结构形式应充分验证其结构的强度、刚度和稳定性,并进行有限元分析,确保各部分所受承载力满足设计要求,避免出现局部破坏的情况。

**4. 支架设计须依规计算**

梁柱式支架虽为临时结构,每一步设计都需有据可循,有规可查。严格按照规范和标准等相关要求进行设计、计算和验算,需验算的部分不能省略,应多次验算确保结构准确无误。设计阶段支架相关的构造要求必须满足,不可偷工减料、心存侥幸。计算完成后,需对设计及计算过程进行验算,保证选取参数的正确性及结果的准确性。

### 6.4.2 施工方面

**1. 施工相关文件应全面合规有效**

依据中华人民共和国交通运输部 JTG/T 3650—2020《公路桥涵施工技术规范》3.1.2 条和 3.1.3 条"桥涵开工前,应根据设计文件和任务要求,编制施工方案"、2.1.4 条"大桥、特大桥的实施性施工组织设计,应根据施工方案单独编制,其内容比施工方案明确、详尽"的规定,依规编写施工方案、施工组织设计、应急预案、现场处置方案以及安全技术交底等文件。

支架施工方案应包括翔实的应急救援预案和支架监测具体计划,支架分部分项检查验收的具体要求资料内容;临时支架工程安全专项施工方案应编制详尽,应根据工程施工特点并联系实际工程编制,起到有效指导作用;保证专项施工方案专家论证形式完整,并提交《论证报告》。

**2. 依施工和设计相关文件施工**

施工单位应严格按 JTG/T 3650—2020《公路桥涵施工技术规范》10.6.26 条规定的施工组织设计及施工方案进行施工,如在支架及模板搭设完毕之后进行预压试验;在混凝土浇筑过程中,按施工组织设计要求的顺序均匀加载;对已搭设完的支架、模板等进行严格的检查验收及专家回访等工作;放置箱梁时,应水平放置在贝雷架上等。

支架施工严格按设计方案进行,不得随意更改设计方案,如调整设计方案,需按照规定会同设计方审议通过后再进行调整。

**3. 按规定要求进行安全监测**

按 JGJ 59—2011《建筑施工安全检查标准》的相关要求对施工过程中的地表变形进行监测,对排水情况进行监测,对预加载及加载过程的梁柱式支架结构形变进行监测等。现场处理措施应正确合规,应按规范要求当施工过程出现危险源或可能发生的事故时,依据相应的应急预案及现场处置方案依据不同事故类别,针对具体场地、装置或设施实施,保证现场人员应知应会,熟练掌握并经常演练。

**4. 现场处理措施**

定期检查支架的稳定性和安全性,特别是连接件,确保其连接牢固,避免松动或脱落。制定梁柱式支架应急预案,明确责任人和应对措施,以应对可能发生的意外事件。定期组织撤离演练,训练现场人员在紧急情况下的应对能力,确保安全撤离。安装预警系统,及时发现可能的风险。并在现场配备必要的紧急救援设备,如消防器材、急救箱等,应对突发事件。

### 6.4.3 管理方面

**1. 施工单位应依规执行施工方案**

施工单位如需调整施工方案,应编写工程变更建议书,包括变更名称、变更内容及范围、变更原因及依据、技术方案、图纸等相关资料、变更估算工程量清单等以及相应附件。需经建设单位认可,建设单位、监理单位和承包单位三方在现场复核确认签字认可后,方可按照变更施工方案施工。

**2. 施工企业依规对专项方案编审**

危险性较大的分部分项工程专项方案编制及实施流程如下。

(1)危险性较大的分部分项工程施工前必须编制专项方案。专项方案应包括施工工艺与安全保证措施、计算书和图纸等内容。

(2)专项方案应当由施工总承包单位组织技术安全人员编制,编制后由施工单位技术部门组织本单位施工技术、安全、质量等部门的专业技术人员进行审核。经审核合格的,由施工单位技术负责人签字审批。

(3)专项方案经施工单位审核合格后报监理单位,由项目总监理工程师审核签字,并列入监理规划和监理实施细则。

(4)专项方案经审批后,方可组织实施。

(5)专项方案实施前,编制人员或项目技术负责人应当向现场管理人员和作业人员进行安全技术交底。

(6)施工单位应当指定专人对专项方案实施情况进行现场监督和按规定进行监测。发现不按照专项方案施工的,应当要求其立即整改;发现有危及人身安全紧急情况的,应当立即组织作业人员撤离危险区域。

(7)危险性较大的分部分项工程施工完毕后,施工单位、监理单位应当组织有关人员进行验收。验收合格的,经施工单位项目技术负责人及项目总监理工程师签字后,方可进入下一道工序。

**3. 加强项目部安全管理和责任落实**

严格按照相关法律、法规、规章和规范性文件要求对危大工程实施安全管理,健全施工项目部质量安全保证体系,落实责任制,认真履行职责。如定期召开安全例会,组织施工人员安全教育培训,严格执行施工现场安全文明施工管理制度,加强对劳动保护用品、防护用品的管理,干部领导需轮流值班,加强消防、用电安全管理,对临时结构、重要施工工序等进行安全技术措施编制,对特种作业人员及特种设备、设备运输及吊装实行安全管理,施工过程中随时关注事故排查工作,各管理及施工人员开工前必须接受安全交底工作等。

**4. 落实监理单位安全工作**

对于临时结构监理,主要完成施工准备阶段和施工阶段的相关工作。

施工准备阶段的监理工作内容如下。

(1)施工前认真审阅工程设计图纸、设计说明,就工程设计图纸中的问题与建设单位及设计院工程师沟通,充分理解建设单位意图和设计思想,提出合理化建议,对工程功能及系统组成做到全面、深入的了解和掌握。

(2)认真做好施工队伍(特别是总承包商)的资质审查工作,包括人员、技术、施工设备,确保施工队伍素质与工程要求基本相适应。

(3)认真审核施工组织设计(施工方案)、质量保证措施和安全技术措施,施工现场的布置、劳动人员安排,工具材料准备、预制中、半成品的生产等,确保工程质量符合设计、规范和工程建设总进度。

(4)协助建设方、组织设计图纸会审工作,做好图纸设计交底,使总承包商及全体施工管理人员了解工程设计意图和要求。

(5)督促总承包单位认真做好作业前的技术交底,使每个施工人员清楚各自工作的具体要求。

(6)确认施工图纸的有效性。对设计变更、工艺变动、材料变更、设备选型等都要求办理相关手续。

(7)对各专项系统的主要设备、器材,监理工程师要亲自监督校验调整,掌握系统设备的详细资料,消除隐患。

(8)施工阶段的监理工作内容。

(9)对专项系统及各分系统的重要部位,监理工程师要加强双控制检查。巡视和旁站相结合,确保工程质量。

(10)监理工程师在巡视和检查中发现施工质量问题,可视质量问题的大小和轻重,以"监理工作联系单"和"监理通知单"的形式通知施工方、业主,并监督解决。

(11)各系统的调试、试运转工作要在监理工程师的监督下进行,并按规范要求填写试验报告。

(12)对承包单位报来的各项工程报验单、隐蔽单,监理工程师都要以施工图纸和规范及施工工艺设计要求认真审查,工程质量不符合要求且未经监理工程师签字的,不得进行下一道工序施工。

(13)整个施工过程,监理工程师对承包单位的质量保证体系、三检制度(自检、互检、交接班检)、三按制度(按图纸、按工艺、按标准施工)进行监督。

**5. 监管单位监管工作应落实到位**

建设工程质量监督机构是经省级以上建设行政主管部门考核认定的具有独立法人资格的事业单位,具体工作如下。

(1)根据建设行政主管部门的委托,依法办理建设工程项目质量监督登记手续。

(2)开工前应确定质量监督工程师,制定质量监督工作方案,检查施工现场工程建设各方主体的质量行为。

(3)在施工过程中,对建设单位、勘察单位、设计单位、监理单位和施工单位质量行为进行监督。

(4)对建设工程的地基及基础工程、主体结构工程、竣工工程主要内容进行抽查和抽样测试。

(5)对工程竣工验收实施监督。

(6)编写建设工程质量监督报告,包括质量监督报告表,有关建设工程质量的法规、规章、强制性标准的执行情况,地基、基础、主体结构及功能项目监督抽查情况,以及抽样测试情况,工程竣工技术资料的核查意见,工程竣工验收的监督意见,对工程遗留质量缺陷的处理意见,是否符合备案条件的结论性意见。

(7)根据当地实际情况,县级以上人民政府建设行政主管部门可委托质量监督机构具体实施建设工程竣工备案工作。

(8)建立建设工程质量监督档案。

# 第7章 梁柱式支架的典型工程实例

## 7.1 概述

目前,梁柱式支架在我国的铁路、公路桥梁建设中得到了广泛的应用,尤其在重荷载、高墩柱、跨度大、地质条件差等不利条件下,采用贝雷梁柱式支架是一种经济性和安全性较为突出的施工方法。在高墩现浇连续箱梁混凝土施工中,支架的刚度、承载力、稳定性和地基沉降量等因素均直接对箱梁混凝土的浇筑质量和安全产生直接影响。本章介绍了两个现浇箱梁的贝雷梁柱式支架设计作为工程案例。

工程实例1选取某大桥主塔现浇上横梁支架设计,该案例的选择基于两点考虑:①支架搭设高度高且长宽比较大,传统满堂式脚手架稳定性难以满足施工需求;②施工环境可能出现(十年一遇)大风天气,设计中考虑了在支架搭设完成而混凝土尚未浇筑条件下的横向风荷载作用。工程实例2选取的是新建某大桥岸上引桥33#~35#现浇支架设计,该案例的选择基于三点考虑:①根据施工方提供的材料,贝雷片选取大桥1号;②为避免临时结构的破坏导致施工安全事故,设计中基本风压选取五十年一遇的基本风压;③地质条件良好,残积层为硬塑沙质黏性土,钢管柱基础为条形基础。两个案例涵盖了梁柱式支架常见的适用条件,包含了两种贝雷片形式,不同基础的处理方式对钢管贝雷片梁柱式支架的设计具有借鉴意义。

## 7.2 工程实例1:某大桥主塔现浇上横梁支架设计

### 7.2.1 工程概况

某大桥主塔上横梁采用现浇箱型截面钢筋混凝土形式。横梁截面宽5.5 m,顶板和底板厚度均为0.6 m;腹板为变截面形式,腹板厚度为0.5 m,腹板高度为3.9~7.4 m;梁两侧端部附近区域顶板和底板渐进增厚,具体截面形式如图7.1和图7.2所示。

现浇上横梁支架设计为梁柱式支架,采用I10分配梁,间距为30 cm;分配梁上翼缘位置采用钢桁架,两榀桁架净间距为384 mm,外框架采用I14,立柱、平联、斜联采用I10;分配梁下采用贝雷梁间距为(90+2×45+4×90+2×45+90) cm,贝雷梁左右两端支立于纵梁处应采用双拼I10进行加强,贝雷梁之间采用花窗连接成整体;贝雷梁下采用3拼I45a作为纵梁;在上横梁底两侧主塔上布设预埋件,预埋件上布置纵梁,纵梁与预埋件间

# 第7章 梁柱式支架的典型工程实例

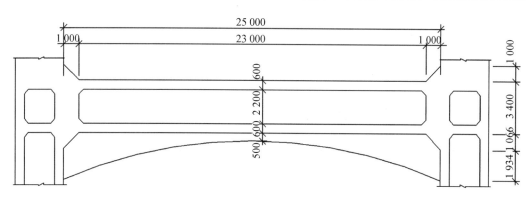

图 7.1 现浇上横梁平面尺寸图(单位:mm)

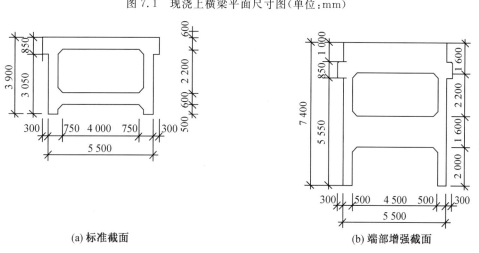

(a) 标准截面　　　　　　　　(b) 端部增强截面

图 7.2 现浇上横梁断面尺寸图(单位:mm)

设置沙箱,以方便施工完毕后脱架。钢管立柱采用 630 mm×10 mm,纵向间距为 4.4 m,横向间距为 2×6 m,柱顶设置沙箱,连接系采用 I20;三角托架采用 3 拼 I45a,托架间距为 550 cm;托架上采用 2 拼 I45a 作为纵梁,纵梁上采用 426 mm×8 mm 钢管,间距为 (130+180+130) cm;钢管上采用 2 拼 I14 作为分配梁。钢桁架形式如图 7.3 所示,梁柱式支架布置图如图 7.4 所示。

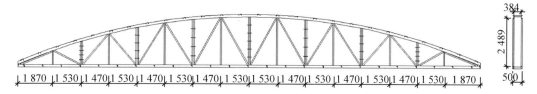

图 7.3 桁架布置图(单位:mm)

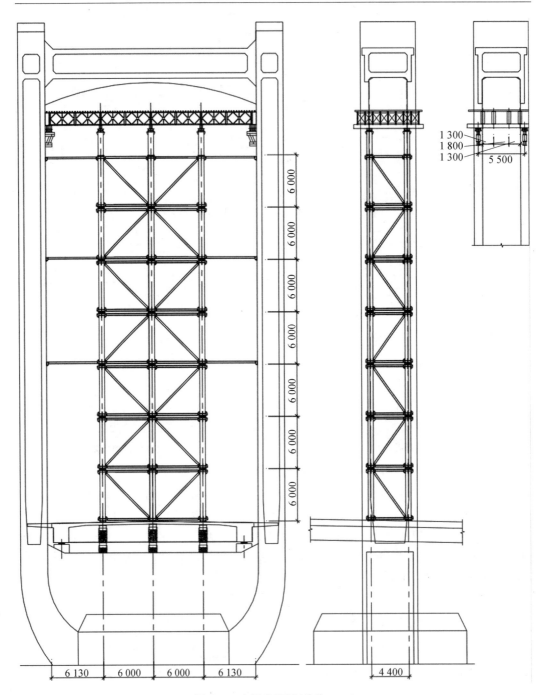

图 7.4 支架布置图(单位:mm)

## 7.2.2 计算依据及设计方法

**1. 计算依据**

(1)GB 50009—2012《建筑结构荷载规范》。

(2)JGJ 162—2008《建筑施工模板安全技术规范》。
(3)JGJ 300—2013《建筑施工临时支撑结构技术规范》。
(4)GB 50017—2017《钢结构设计标准》。
(5)相关施工图纸。

**2. 设计方法**

结构设计采用以概率理论为基础的极限状态设计法,用分项系数的设计表达式进行设计,材料参数和贝雷片参数见表7.1和表7.2。

表7.1 材料参数

| 杆件名 | 材料 | 断面形式 | 设计承载力/kN |
|---|---|---|---|
| 弦杆 | Q345 | 2I10 | 560 |
| 竖杆 | Q345 | I8 | 210 |
| 斜杆 | Q345 | I8 | 171 |

表7.2 贝雷片参数

| 材料型号 | 弹性模量/MPa | 密度/(kg·m$^{-3}$) | 线膨胀系数/℃$^{-1}$ | 设计值/MPa | | |
|---|---|---|---|---|---|---|
| | | | | 抗拉、抗压和抗弯 $f$ | 抗剪 $f_v$ | 端面承压 $f_{ce}$ |
| Q235 | 206×10$^3$ | 7 850 | 12×10$^{-6}$ | 215 | 125 | 320 |
| Q345 | | | | 305 | 175 | 400 |

### 7.2.3 荷载取值

**1. 荷载分析**

设计中考虑梁柱式支架的荷载种类有7种,分别为结构自重、箱梁自重、模板荷载、施工荷载、振捣混凝土产生的荷载、浇筑混凝土时产生的冲击荷载和风荷载。

(1)结构自重 $F_1$:按实际自重取值(荷载①)。跨中自重荷载布置图如图7.5所示,端部自重荷载布置图如图7.6所示。

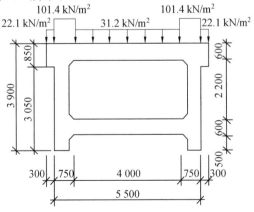

图7.5 跨中自重荷载布置图(单位:mm)

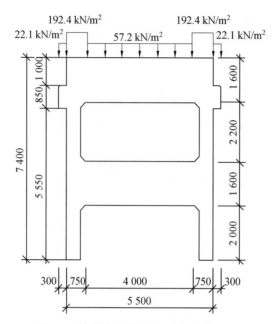

图 7.6 端部自重荷载布置图(单位:mm)

(2)箱梁自重 $F_2$:新浇混凝土密度取 26 kN/m³(含钢筋等)(荷载②)。

(3)模板荷载 $F_3$:底模、外模及外模支撑荷载,按均布荷载计算,取 2.5 kN/m²(荷载③)。

(4)施工荷载(施工人员、施工材料和机具荷载)$F_4$:按均布荷载计算,计算模板时,取 2.5 kN/m²;计算支撑模板的纵横梁时,取 1.5 kN/m²;计算支架立柱,取 1.0 kN/m²(荷载④)。

(5)振捣混凝土产生的荷载 $F_5$:取 2.0 kN/m²(荷载⑤)。

(6)浇筑混凝土时产生的冲击荷载 $F_6$:取 2.0 kN/m²(荷载⑥)。

(7)风荷载 $F_7$:作用于结构上的风荷载标准值。

$$w_k = \beta_Z \mu_s \mu_z \omega_0 (荷载⑦)$$

式中 $w_k$——风荷载标准值,kN/m²;

$\beta_Z$——风振系数,取 1.0;

$\mu_s$——风荷载体型系数,多排钢管取 1.09,桁架取 0.3×1.3=0.39,模板取 1.3;

$\mu_z$——风压高度变化系数,按 B 类高度,取 1.1;

$\omega_0$——基本风压,取 0.35 kN/m²(取当地重现期 10 年的风压)。

作用在钢管上的风荷载标准值为

$$w_k = \beta_Z \mu_s \mu_z \omega_0$$

代入数值得

$$1 \times 1.09 \times 1.1 \times 0.35 = 0.42 (kN/m²)$$

作用在贝雷梁上的风荷载标准值为

$$w_k = \beta_Z \mu_s \mu_z \omega_0$$

代入数值得

$$1 \times 0.39 \times 1.1 \times 0.35 = 0.15 (kN/m^2)$$

**2. 荷载组合**

按照承载力极限状态进行强度计算，按照正常使用极限状态进行刚度计算。

强度计算：$1.3 \times (① + ② + ③) + 1.5 \times (④ + ⑤ + ⑥ + ⑦)$。

刚度计算：$1.0 \times (① + ② + ③)$。

### 7.2.4 结构计算

**1. 支架计算**

采用 Midas Civil 有限元分析软件建立梁柱式支架的空间计算模型。钢管立柱、纵梁、贝雷梁、分配梁均采用梁单元进行模拟。柱底边界条件为固结，其他连接采用弹性连接。计算模型如图 7.7 所示。

（1）强度计算。

图 7.8～7.19 为支架结构强度计算结果，经对比，分配梁（I10）的最大组合应力为 75.2 MPa＜215 MPa，最大剪应力为 30.1 MPa＜125 MPa；分配梁（2I14）的最大组合应力为 161.7 MPa＜215 MPa，最大剪应力为 53.1 MPa＜125 MPa；贝雷梁弦杆的最大轴力为 367.1 kN＜560 kN；贝雷梁竖杆的最大轴力为 209 kN＜210 kN；贝雷梁斜杆的最大轴力为 168.5 kN＜171.5 kN；加强竖杆（2 拼 I10）的最大组合应力为 157.5 MPa＜215 MPa；纵梁（3 拼 I45a）的最大组合应力为 197.3 MPa＜215 MPa，最大剪应力为 70.1 MPa＜125 MPa；纵梁（2 拼 I45a）的最大组合应力为 61.5 MPa＜215 MPa，最大剪应力为 29.7 MPa＜125 MPa；连接系（槽钢 20）的最大组合应力为 57.4 MPa＜215 MPa，最大剪应力为 2.8 MPa＜125 MPa；小钢管立柱（钢管 $\phi 426$ mm×8 mm）的最大组合应力为 73.8 MPa＜215 MPa；三角托架（3 拼 I45a）的最大组合应力为 186.1 MPa＜215 MPa，最大剪应力为 76.7 MPa＜125 MPa；钢管立柱（钢管 $\phi 630$ mm×10 mm）的最大组合应力为 138.9 MPa＜215 MPa，最大反力为 1 660 kN。

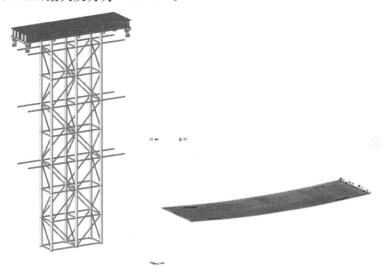

图 7.7 计算模型　　图 7.8 分配梁（I10）的组合应力图（单位：MPa）

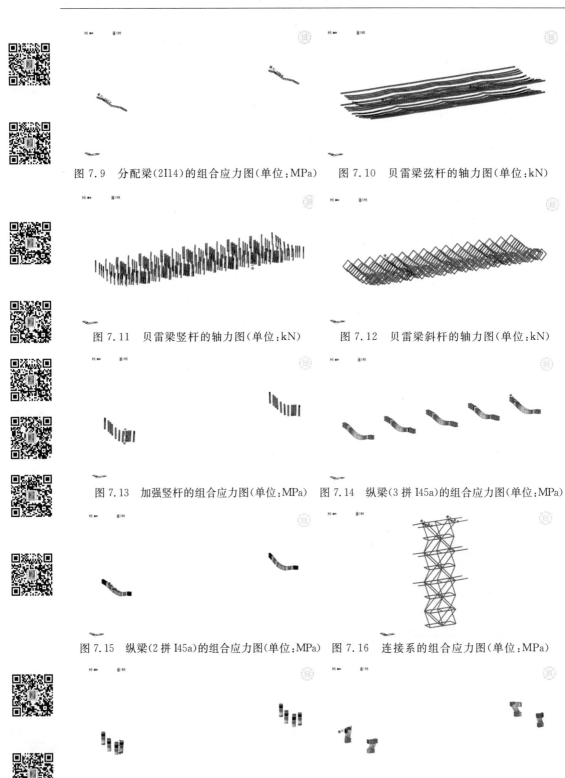

图 7.9 分配梁(2I14)的组合应力图(单位:MPa)　　图 7.10 贝雷梁弦杆的轴力图(单位:kN)

图 7.11 贝雷梁竖杆的轴力图(单位:kN)　　图 7.12 贝雷梁斜杆的轴力图(单位:kN)

图 7.13 加强竖杆的组合应力图(单位:MPa)　　图 7.14 纵梁(3拼I45a)的组合应力图(单位:MPa)

图 7.15 纵梁(2拼I45a)的组合应力图(单位:MPa)　　图 7.16 连接系的组合应力图(单位:MPa)

图 7.17 小钢管立柱的组合应力图(单位:MPa)　　图 7.18 三角托架的组合应力图(单位:MPa)

图 7.19　钢管立柱的组合应力图(单位:MPa)

由以上计算结果与对比情况可知,支架结构强度均满足施工要求。

(2)刚度计算。

图 7.20~7.26 为支架结构刚度计算结果,经对比,分配梁(I10)的最大位移为 0.2 mm$<L/400=900/400=2.25$ mm;分配梁(2I14)的最大位移为 2.39 mm$<L/400=1\ 800/400=4.5$ mm;贝雷梁的最大位移为 5.03 mm$<L/400=6\ 000/400=15$ mm;纵梁(3 拼 I45a)的最大位移为 3.66 mm$<L/400=4\ 400/400=11.0$ mm;纵梁(2 拼 I45a)的最大位移为 1.55 mm$<L/400=5\ 500/400=13.75$ mm;三角托架(3 拼 I45a)的最大位移为 0.46 mm;钢管立柱(钢管 $\phi630$ mm×10 mm)的压缩变形最大为 10.67 mm$<L/1\ 000=44.7$ mm。

由以上计算结果与对比情况可知,支架结构刚度均满足施工要求。

图 7.20　分配梁(I10)的位移图(单位:mm)　　图 7.21　配梁(2I14)的位移图(单位:mm)

图 7.22　贝雷梁的位移图(单位:mm)　　图 7.23　纵梁(3 拼 I45a)的位移图(单位:mm)

图 7.24 纵梁(2拼I45a)的位移图(单位:mm)　　图 7.25 三角托架的位移图(单位:mm)

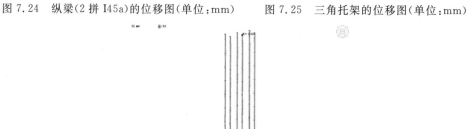

图 7.26 钢管立柱(钢管 $\phi630\ mm\times10\ mm$)的压缩变形图(单位:mm)

(3)稳定性计算。

钢管立柱 $\phi630\ mm\times10\ mm$,最大长度为 44.7 m,单根钢管桩受到的最大轴力为 1 660 kN,最大弯矩为 52 kN·m,钢管截面特性见表 7.3。

表 7.3 钢管截面特性

| 参数 | 数值 |
| --- | --- |
| 直径/mm | 630 |
| 壁厚/mm | 10 |
| 轴惯性矩/cm$^4$ | 93 615.532 |
| 回转半径/cm | 21.923 |
| 极惯性矩/cm$^4$ | 187 231.064 |
| 抗扭系数/cm$^3$ | 5 943.843 |
| 截面面积/cm$^2$ | 194.779 |
| 单位质量/(kg·m$^{-1}$) | 152.902 |
| 每米外表面积/(m$^2$·m$^{-1}$) | 1.979 |

参考 GB 50017—2017《钢结构设计标准》7.2.3 条,缀件为缀条,四肢组合构件进行计算。

①格构柱高度为 44.7 m。

②计算长度系数按柱底固结,柱顶自由取值,取 2.0。

$$l_0 = 2\times44\ 700 = 89\ 400(mm)$$

③格构柱承受荷载。

## 第7章 梁柱式支架的典型工程实例

$$N = 4 \times 1\,660 = 6.64 \times 10^6 (\text{N})$$
$$M = 4 \times 52 = 2.08 \times 10^8 (\text{N} \cdot \text{mm})$$

④截面几何特征。

分肢 $\phi 630 \text{ mm} \times 10 \text{ mm}$, $A_1 = 1.95 \times 10^4 \text{ mm}^2$, $I_1 = 9.36 \times 10^8 \text{ mm}^4$。

⑤截面面积。
$$A = 4A_1 = 4 \times 1.95 \times 10^4 = 7.8 \times 10^4 (\text{mm}^2)$$

⑥惯性矩。
$$I_x = 4(I_1 + A_1 \times h_1^2) = 4 \times (9.36 \times 10^8 + 1.95 \times 10^4 \times 2\,200^2) = 3.81 \times 10^{11} (\text{mm}^4)$$

⑦回转半径。
$$i_x = \sqrt{I_x/A} = [3.81 \times 10^{11} / (7.8 \times 10^4)]^{0.5} = 2\,210 (\text{mm})$$

⑧截面模量。
$$W_x = I_x/h_1 = 3.81 \times 10^{11} / 2\,200 = 1.73 \times 10^8 (\text{mm}^3)$$

（4）强度验算。

绕虚轴的截面塑性发展系数 $\gamma_x = 1.0$，所以
$$\frac{N}{A} + \frac{M_x}{\gamma_x W_x}$$

代入数值得

$6.64 \times 10^6 / (7.8 \times 10^4) + 2.08 \times 10^8 / (1 \times 1.73 \times 10^8) = 86.33 (\text{MPa}) < f = 215 (\text{MPa})$

（5）整体稳定验算。

缀件采用槽钢20，按间隔为 6 000 mm 布置。

缀件截面积：
$$A_{1x} = 2A_t$$

代入数值得
$$2A_t = 2 \times 2.88 \times 10^3 = 5.76 \times 10^3 (\text{mm}^2)$$

绕 $x$ 轴长细比：
$$\lambda_x = l_{0x}/i_x$$

代入数值得
$$89\,400 / 2\,210 = 40.45$$

绕 $x$ 轴换算长细比：
$$\lambda_{0x} = \sqrt{\lambda_x^2 + \frac{40 \times A}{A_{1x}}}$$

代入数值得
$$[40.45^2 + 40 \times 7.8 \times 10^4 / (5.76 \times 10^3)]^{0.5} = 46.67 < [\lambda] = 150$$

根据长细比查表得到稳定系数 $\varphi_x = 0.87$
$$N'_{Ex} = \frac{\pi^2 EA}{1.1 \lambda_{0x}^2}$$

代入数值得
$$3.14^2 \times 2.06 \times 10^5 \times 7.8 \times 10^4 / (1.1 \times 46.67^2) = 6.61 \times 10^7 (\text{N})$$

四肢格构柱两主轴均为虚轴,不考虑塑性发展,整体稳定应满足边缘屈服准则,导出的计算公式为

$$\frac{N}{\varphi_x A}+\frac{\beta_{mx}M_x}{(1-\varphi_x N/N'_{Ex})W_x}$$

代入数值得

$$\frac{6.64\times10^6}{0.87\times7.8\times10^4}+\frac{1\times2.08\times10^8}{1-\frac{0.87\times6.64\times10^6}{6.61\times10^7}}\times1.73\times10^8$$

$$=99.66(\text{MPa})<f=215(\text{MPa})$$

因此,整体稳定性满足要求。

(6) 分肢稳定验算。

作用在单肢上的荷载为

$$N=1\ 660\ \text{kN}=1.66\times10^6\ \text{N},\quad M=52\ \text{kN}\cdot\text{m}=5.2\times10^7\ \text{N}\cdot\text{mm}$$

单肢钢管的计算长度为缀件间距 $l_{0x1}=6\ 000\ \text{mm}$,则单肢柱的长细比 $\lambda_{x1}=l_{0x1}/i_{x1}=6\ 000/219.2=27.37<0.7\times\lambda_{\max}=0.7\times45.88=32.12$,钢管对应 b 类柱截面的稳定系数 $\varphi_{x1}=0.94$。

$$N'_{Ex}=\frac{\pi^2 EA}{1.1\lambda_{0x}^2}$$

代入数值得

$$3.14^2\times2.06\times10^5\times1.95\times10^4/(1.1\times27.37^3)=4.81\times10^7(\text{N})$$

$$\frac{N}{\varphi_{x1}A}+\frac{\beta_{mx}M_x}{(1-0.8N/N'_{Ex})W_{单肢}}$$

代入数值得

$1.66\times10^6/(0.94\times1.95\times10^4)+1\times5.2\times10^7/\{[1-0.8\times1.66\times10^6/(4.81\times10^7)]\times2.97\times10^6\}=108.57(\text{MPa})<f=215(\text{MPa})$

因此,单肢柱稳定满足要求。

(7) 缀件计算。

①实际剪力:$V=M/l=2.08\times10^8/44\ 700=4.65\times10^3(\text{N})$

②计算剪力:$V=A\times f/85=4\times1.95\times10^4\times215/85=1.97\times10^5(\text{N})$

③因为计算剪力较大,所以取计算剪力进行计算。

④每个单肢承担四分之一的剪力,即 $V_1=4.93\times10^4\ \text{N}$。

a. 缀件内力。

$$N_t=V_1/\sin\alpha=4.93\times10^4/\sin37°=8.20\times10^4(\text{N})$$

b. 缀件截面计算。

缀件按轴心受压构件计算。

计算长度 $l_t=7\ 500\ \text{mm}$。

$$\lambda_t=l_t/i_v=7\ 500/78.6=95.42<[\lambda]=150$$

稳定系数为

$$\varphi_t=0.58$$

$$\frac{N_t}{\varphi_t A}=8.20\times10^4/(0.58\times2.88\times10^3)=49.09(\mathrm{MPa})<f=215(\mathrm{MPa})$$

c.缀件与分肢连接计算。

$$N_t=8.20\times10^4(\mathrm{N})=82(\mathrm{kN})$$
$$N_t/n=82/5=16.4(\mathrm{kN})$$

选用 C 级螺栓 M18。

(8)沙箱计算。

①Q235 钢材强度设计值。

a.钢材厚度或者直径小于等于 16 mm,抗拉、抗压和抗弯 $f=215$ MPa,抗剪 $f_v=125$ MPa。

b.钢材厚度或者直径为 16~40 mm,抗拉、抗压和抗弯 $f=205$ MPa,抗剪 $f_v=120$ MPa。

②Q235 钢焊角缝强度设计值。

角焊缝,抗拉、抗压和抗剪 $f_t^w=160$ MPa。

③沙的容许承压应力。

a.根据路桥计算手册可知,$[\delta]=10$ MPa,沙进行预压后,可取 30 MPa。

b.沙筒钢管立柱最大支反力 $F$ 为 1 660 kN,取 1 700 kN 为设计荷载,则 $F=170$ t。

c.沙筒顶心顶板为 20 mm 厚钢板,顶心侧壁为 14 mm 厚钢板,顶心内灌入 C30 混凝土,增加顶心的刚度。

d.沙筒外筒侧壁采用 14 mm 厚钢板进行制作,底板为 20 mm 厚钢板,沙筒侧壁开 2 个 $\phi25$ mm 漏沙口,漏沙口采用 M24 螺栓+螺母封堵,如图 7.27 所示。

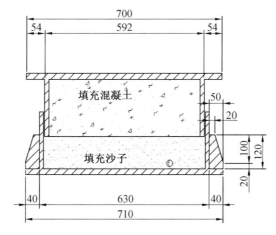

图 7.27 沙箱示意图(单位:mm)

e.圆筒与顶底板焊接采用双面角焊缝,焊缝高度不小于筒壁厚度。

f.由沙子应力确定最小顶心外径 $d_0$ 并选择外筒(标准管)直径。

$$d_0=(4F/\pi[\sigma])^{0.5}=(4\times1\ 700\ 000/3.14\times30)^{0.5}=269(\mathrm{mm})$$

选择外筒(标准管)外直径:

$$d_2=630\ \mathrm{mm}$$

最终确定顶心外径：
$$d_1 = d_2 - 2\delta - 2\Delta = 630 - 2 \times 13 - 2 \times 5 = 592(mm) > 269(mm)$$

g. 验算筒壁应力。
$$T = 4F(d_2 - \delta)H/(\pi d_1^2)$$

代入数值得
$$4 \times 1\,700\,000 \times (630 - 14) \times 120/(3.14 \times 592^2) = 456\,770.25(N)$$
$$\sigma = T/[2\delta(H + h_0 - d_3)]$$

代入数值得
$$4\,567\,710.25/[2 \times 14 \times (120 + 80 - 25)] = 93.22(N/mm^2) < 205(MPa)$$

式中　$F$——沙筒所受外力设计值；

$d_0$——沙筒顶心计算最小外径；

$d_1$——沙筒顶心实际取用外径；

$d_2$——外筒外径；

$d_3$——放沙孔直径，取 25 mm；

$\delta$——外筒壁厚，取 14 mm；

$\Delta$——内外筒间隙，取 5 mm；

$h_0$——顶心放入沙筒的深度，取 80 mm；

$H$——顶心底距外筒底的高度，取 120 mm；

$T$——筒壁环向内力；

$\sigma$——筒壁环向应力；

$q$——沙子应力；

$[\sigma]$——沙子容许承压应力，可采用 10 MPa，如将其预压，可达 30 MPa。

(9) 牛腿焊缝计算。

①焊缝计算。

通过上部计算，得出拉力设计值为 722.4 kN，剪力设计值为 1 023.2 kN。

焊缝焊脚计算：取 $h_f = 12$ mm。

直角角焊缝的计算厚度 $h_e = 0.7 \times 12 = 8.4(mm)$。

a. 在通过焊缝形心的拉力、压力或剪力作用下。

正面角焊缝（作用力垂直于焊缝长度方向）：
$$\sigma_f = \frac{N}{h_e l_w}$$

代入数值得
$$\frac{722.4 \times 10^3}{8.4 \times (2\,011 - 24)} = 43.28(MPa) \leqslant \beta_f f_f^w = 1.22 \times 160 = 195.2(MPa)$$

满足规范要求。

侧面角焊缝（作用力平行于焊缝长度方向）：
$$\tau_f = \frac{Q}{h_e l_w}$$

代入数值得

$$\frac{1\,023.2\times10^3}{8.4\times(2\,011-24)}=61.30(\mathrm{MPa})\leqslant f_\mathrm{f}^\mathrm{w}=160(\mathrm{MPa})$$

因此，满足规范要求。

b. 在各种力综合作用下，$\sigma_\mathrm{f}$ 和 $\tau_\mathrm{f}$ 共同作用下。

$$\sqrt{\left(\frac{\sigma_\mathrm{f}}{\beta_\mathrm{f}}\right)^2+\tau_\mathrm{f}^2}$$

代入数值得

$$\sqrt{\left(\frac{43.28}{1.22}\right)^2+61.30^2}=70.83(\mathrm{MPa})\leqslant f_\mathrm{f}^\mathrm{w}=160(\mathrm{MPa})$$

因此，满足规范要求。

②埋件计算。

a. 计算条件。

弯矩设计值 $M=173.10$ kN·m，轴力设计值 $N=722.40$ kN，剪力设计值 $V=1\,023.20$ kN。

直锚筋层数：6 层，间距 $b_1=150$ mm。

直锚筋列数：6 列，间距 $b=150$ mm。

锚板厚度 $t=20$ mm，锚板宽度 $B=900$ mm。

锚板高度 $H=900$ mm，最外层锚筋之间的距离 $z=750$ mm。

结构重要性系数 $\gamma_0$ 取 1.0，层数影响系数 $\alpha_\mathrm{r}$ 取 0.85。

锚筋级别：HRB400 时取 $f_\mathrm{y}=360.00$ N/mm²，$f_\mathrm{y}>300$ 时取 $f_\mathrm{y}=300$ N/mm²。

直锚筋直径 $d=25$ mm。

混凝土强度等级 C50：$f_\mathrm{c}=23.10$ N/mm²，$f_\mathrm{t}=1.89$ N/mm²。

b. 锚筋截面面积验算。

锚板受剪承载力系数 $\alpha_\mathrm{v}$ 根据 GB 50010—2010《混凝土结构设计规范》式（9.7.2-5）计算：

$$\alpha_\mathrm{v}=(4.0-0.08d)\sqrt{\frac{f_\mathrm{c}}{f_\mathrm{y}}}$$

代入数值得

$$(4.0-0.08\times25)\times\sqrt{\frac{23.10}{300.000}}=0.56$$

锚板弯曲变形折减系数 $\alpha_\mathrm{b}$ 根据 GB 50010—2010《混凝土结构设计规范》式（9.7.2-6）计算：

$$\alpha_\mathrm{b}=0.6+0.25\frac{t}{d}$$

代入数值得

$$0.6+0.25\times\frac{20}{25}=0.80$$

直锚筋面积验算如下。

在剪力、法向拉力、弯矩的组合作用下，直锚筋的计算截面积按照 GB 50010—2010

《混凝土结构设计规范》式(9.7.2-1)及式(9.7.2-2)计算,并取其中较大值:

$$A_s \geqslant \gamma_0 \left( \frac{V}{\alpha_r \alpha_v f_y} + \frac{N}{0.8 \alpha_b f_y} + \frac{M}{1.3 \alpha_r \alpha_b f_y z} \right)$$

代入数值得

$$1.0 \times \left( \frac{1\,023\,200.00}{0.85 \times 0.56 \times 300.00} + \frac{722\,400.00}{0.8 \times 0.80 \times 300.00} + \frac{173\,100\,000.00}{1.3 \times 0.85 \times 0.80 \times 300.00 \times 750} \right) = 11\,798.05 \,(\text{mm}^2)$$

$$A_s \geqslant \gamma_0 \left( \frac{N}{0.8 \alpha_b f_y} + \frac{M}{0.4 \alpha_r \alpha_b f_y z} \right)$$

代入数值得

$$1.0 \times \left( \frac{722\,400.00}{0.8 \times 0.80 \times 300.00} + \frac{173\,100\,000.00}{0.4 \times 0.85 \times 0.80 \times 300.00 \times 750} \right) = 6\,590.93 \,(\text{mm}^2)$$

计算面积 $= \max\{11\,798.05, 6\,590.93\} = 11\,798.05 \text{ mm}^2$

直锚筋实配面积为

$$A_s = 36 \times \pi \times (25/2)^2 = 16\,286.02 \,(\text{mm}^2) \geqslant 11\,798.05 \,(\text{mm}^2)$$

满足系数 $= 16\,286.02 / 11\,798.05 = 1.38$,因此满足要求。

c. 锚固长度。

根据 GB 50010—2010《混凝土结构设计规范》9.7.4 条,受拉直锚筋锚固长度 $l_a$ 为

$$l_a \geqslant \alpha \frac{f_y}{f_t} d$$

代入数值得

$$0.14 \times \frac{360.00}{1.71} \times 25 = 667 \,(\text{mm})$$

根据混凝土规范 9.7.4 条,受剪直锚筋锚固长度 $l_a$ 为

$$l_a \geqslant 15d$$

代入数值得

$$l_a \geqslant 15d = 15 \times 25 = 375 \,(\text{mm})$$

直锚筋锚固长度为

$$l_a = \max\{667, 375\} = 667 \text{ mm}$$

则实际锚固长度取 700 mm。

d. 构造要求。

锚筋间距 $b$、$b_1$ 和锚筋至构件边缘的距离 $c$、$c_1$:根据 GB 50010—2010《混凝土结构设计规范》9.7.4 条,得

$$b、c \geqslant \max\{3d, 45\} = 75 \text{ mm}$$

受剪构件,$b_1$、$c_1 \geqslant \max\{6d, 70\} = 150 \text{ mm}$,且 $b$、$b_1 \leqslant 300 \text{ mm}$

由此得

300 mm $\geqslant b = 150$ mm $\geqslant 75$ mm,满足要求。

300 mm $\geqslant b_1 = 150$ mm $\geqslant 150$ mm,满足要求。

$c \geqslant 75$ mm,$c_1 \geqslant 150$ mm。

锚板:根据 GB 50010—2010《混凝土结构设计规范》9.7.4 条要求,最外层锚筋中心到锚板边缘的距离$\geqslant \max\{2d, 20\} = 50$ mm。

宽度 $B = 900$ mm $\geqslant B_{\min} = 50 \times 2 + 150 \times (5-1) = 850$(mm),满足要求。

高度 $H = 900$ mm $\geqslant H_{\min} = 50 \times 2 + 150 \times (5-1) = 850$(mm),满足要求。

根据 GB 50010—2010《混凝土结构设计规范》9.7.1 条,锚板厚度不宜小于锚筋直径的十分之六,受拉和受弯预埋件的锚板厚度尚宜大于 $b/8$。

厚度 $t = 20$ mm $\geqslant t_{\min} = \max\{0.6d, b/8\} = 19$ mm,满足要求。

焊缝:根据 GB 50010—2010《混凝土结构设计规范》9.7.1 条要求,锚筋直径 $d > 20$ mm,宜采用穿孔塞焊。

当采用手工焊时,焊缝高度不宜小于 $\max\{6, 0.6d\} = 15.0$ mm。

(10)扶壁焊缝、预埋件计算。

①焊缝计算。

通过上部计算,得出拉力设计值为 52.3 kN,剪力设计值为 3.7 kN。

焊缝焊脚计算:取 $h_f = 12$ mm。

直角角焊缝的计算厚度 $h_e = 0.7 \times 12 = 8.4$(mm)。

a.在通过焊缝形心的拉力、压力或剪力作用下。

正面角焊缝(作用力垂直于焊缝长度方向)为

$$\sigma_f = \frac{N}{h_e l_w} \leqslant \beta_f f_f^w$$

代入数值得

$$\frac{52.3 \times 10^3}{8.4 \times (446-24) \times 2} = 7.38 (\text{MPa}) \leqslant 1.22 \times 160 = 195.2 (\text{MPa})$$

满足规范要求。

侧面角焊缝(作用力平行于焊缝长度方向)为

$$\tau_f = \frac{Q}{h_e l_w} \leqslant f_f^w$$

代入数值得

$$\frac{3.7 \times 10^3}{8.4 \times (446-24) \times 2} = 0.52 (\text{MPa}) \leqslant 160 (\text{MPa})$$

满足规范要求。

b.在各种力综合作用下,$\sigma_f$ 和 $\tau_f$ 共同作用处:

$$\sqrt{\left(\frac{\sigma_f}{\beta_f}\right)^2 + \tau_f^2} \leqslant f_f^w$$

代入数值得

$$\sqrt{\left(\frac{7.38}{1.22}\right)^2 + 0.52^2} = 6.07 (\text{MPa}) \leqslant 160 (\text{MPa})$$

满足规范要求。

②埋件计算。

a.计算条件。

弯矩设计值 $M=8.90$ kN·m，轴力设计值 $N=52.30$ kN。
剪力设计值 $V=3.70$ kN。
直锚筋层数为3，层间距 $b_1=150$ mm。
直锚筋列数为3，列间距 $b=150$ mm。
锚板厚度 $t=20$ mm，锚板宽度 $B=500$ mm。
锚板高度 $H=500$ mm，最外层锚筋之间距离 $z=300$ mm。
结构重要性系数 $\gamma_0=1.0$，层数影响系数 $\alpha_r=0.90$。
锚筋级别 HRB400：$f_y=360.00$ N/mm²，$f_y>300$，取 $f_y=300$ N/mm²。
直锚筋直径 $d=25$ mm。
混凝土强度等级：C50，$f_c=23.10$ N/mm²，$f_t=1.89$ N/mm²。

b. 锚筋截面面积验算。

锚板受剪承载力系数 $\alpha_v$：根据 GB 50010—2010《混凝土结构设计规范》式（9.7.2-5）计算：

$$\alpha_v=(4.0-0.08d)\sqrt{\frac{f_c}{f_y}}$$

代入数值得

$$(4.0-0.08\times25)\times\sqrt{\frac{23.10}{300.00}}=0.56$$

锚板弯曲变形折减系数 $\alpha_b$：根据 GB 50010—2010《混凝土结构设计规范》式（9.7.2-6）计算：

$$\alpha_b=0.6+0.25\frac{t}{d}$$

代入数值得

$$0.6+0.25\times\frac{20}{25}=0.80$$

直锚筋面积验算：在剪力、法向拉力、弯矩的组合作用下，直锚筋的计算截面积按照 GB 50010—2010《混凝土结构设计规范》式（9.7.2-1）及式（9.7.2-2）计算，并取其中较大值：

$$A_s\geqslant\gamma_0\left(\frac{V}{\alpha_r\alpha_v f_y}+\frac{N}{0.8\alpha_b f_y}+\frac{M}{1.3\alpha_r\alpha_b f_y z}\right)$$

代入数值得

$$1.0\times\left(\frac{3\,700.00}{0.90\times0.56\times300.00}+\frac{52\,300.00}{0.80\times0.80\times300.00}+\frac{8\,900\,000.00}{1.30\times0.90\times0.80\times300.00\times300}\right)$$
$$=402.52(\text{mm}^2)$$

$$A_s\geqslant\gamma_0\left(\frac{N}{0.8\alpha_b f_y}+\frac{M}{0.4\alpha_r\alpha_b f_y z}\right)$$

代入数值得

$$1.0\times\left(\frac{52\,300.00}{0.80\times0.80\times300.00}+\frac{8\,900\,000.00}{0.40\times0.90\times0.80\times300.00\times300}\right)=615.76(\text{mm}^2)$$

计算面积 $=\max\{402.52,615.76\}=615.76$ mm²

直锚筋实配面积为
$$A_s = 9 \times \pi \times (25/2)^2 = 4\,071.50 (mm^2) \geqslant 615.76(mm^2)$$
满足系数 $=4\,071.50 \div 615.76 = 6.61$，满足要求。

c.锚固长度。

根据 GB 50010—2010《混凝土结构设计规范》9.7.4 条，受拉直锚筋锚固长度 $l_a$ 为
$$l_a \geqslant \alpha \frac{f_y}{f_t} d$$

代入数值得
$$0.14 \times \frac{360.00}{1.71} \times 25 = 667 (mm)$$

根据 GB 50010—2010《混凝土结构设计规范》9.7.4 条，受剪直锚筋锚固长度 $l_a$ 为
$$l_a \geqslant 15d = 15 \times 25 = 375 (mm)$$

直锚筋锚固长度为
$$l_a = \max\{667, 375\} = 667 \text{ mm}$$

则实际锚固长度取 700 mm。

d.构造要求。

锚筋间距 $b$、$b_1$ 和锚筋至构件边缘的距离 $c$、$c_1$：根据 GB 50010—2010《混凝土结构设计规范》9.7.4 条，有
$$b、c \geqslant \max\{3d, 45\} = 75 \text{ mm}$$

受剪构件，$b_1$、$c_1 \geqslant \max\{6d, 70\} = 150 \text{ mm}$，且 $b$、$b_1 \leqslant 300 \text{ mm}$

由此得

300 mm$\geqslant b = 150$ mm$\geqslant 75$ mm，满足要求。

300 mm$\geqslant b_1 = 150$ mm$\geqslant 150$ mm，满足要求。

$c \geqslant 75$ mm，$c_1 \geqslant 150$ mm。

锚板：根据 GB 50010—2010《混凝土结构设计规范》9.7.4 条要求，最外层锚筋中心到锚板边缘的距离 $\geqslant \max\{2d, 20\} = 50$ mm。

宽度 $B = 500$ mm$\geqslant B_{min} = 50 \times 2 + 150 \times (3-1) = 400 (mm)$，满足要求。

高度 $H = 500$ mm$\geqslant H_{min} = 50 \times 2 + 150 \times (3-1) = 400 (mm)$，满足要求。

根据 GB 50010—2010《混凝土结构设计规范》9.7.1 条，锚板厚度不宜小于锚筋直径的十分之六，受拉和受弯预埋件的锚板厚度尚宜大于 $b/8$。

厚度 $t = 20$ mm$\geqslant t_{min} = \max\{0.6d, b/8\} = 19$ mm，满足要求。

焊缝：根据 GB 50010—2010《混凝土结构设计规范》9.7.1 条要求，锚筋直径 $d > 20$ mm，宜采用穿孔塞焊。

当采用手工焊时，焊缝高度不宜小于 $\max\{6, 0.6d\} = 15.0$ mm。

**2.桁架计算**

采用 Midas Civil 有限元分析软件建立空间计算模型，如图 7.28 所示。

**3.应力及位移计算**

经计算，外框架（槽钢 14#）的最大组合应力为 196.4 MPa$<215$ MPa，最大剪应力为

图 7.28　计算模型

63.2 MPa＜125 MPa；最大位移为 2.79 mm＜$L/400 = 2\,000/400 = 5$ mm，满足要求。外框架组合应力图如图 7.29 所示，外框架位移图如图 7.30 所示。

图 7.29　外框架组合应力图（单位：MPa）　　　图 7.30　外框架位移图（单位：mm）

根据计算结果，现浇主塔上横梁支架设计满足使用要求。横梁在支点位置、支撑贝雷梁位置均需设置加劲肋，加劲肋的厚度不小于 16 mm；贝雷梁左右两端支立于纵梁处应采用 2 拼槽钢 10 进行加强。

## 7.3　工程实例 2：新建某大桥岸上引桥 33♯～35♯现浇支架设计

### 7.3.1　工程概况

该大桥岸上引桥为双向八车道，分左右两幅。南段岸上引桥段桥梁全长为 657.4 m，引道长 182.6 m。北段岸上引桥段桥梁全长 165 m。岸上引桥为按左右幅单独的桥梁设计，单幅桥宽 16.5 m，标准段桥宽为 0.5 m（桥梁护栏）+15.5 m（车行道）+ 0.5 m（桥梁护栏）=16.5 m（单向四车道），标准的引桥横断面布置图如图 7.31 所示。

引桥 31♯～36♯孔为 5 m×33 m 预应力箱梁，采用 1.8 m 等高度单箱三室截面。桥面横坡采用支座垫石高度调整形成，梁高横向为等高，悬臂长 3.0 m。顶板厚度为 25 cm，底板厚度为 22～40 cm。箱梁腹板采用斜腹板，腹板的厚度随着剪力的增大而从跨中向支点逐渐加大，箱梁边腹板厚度为 45～60 cm，中腹板厚度为 45～60 cm。在支点处设置端横隔，中墩墩顶横隔宽度为 2.0 m 或 2.5 m，边墩墩顶横隔宽度为 1.5 m。

采用钢管支墩＋梁式支架（大桥Ⅰ号），支架钢管桩采用 φ630 mm×10 mm，横向间距为 3 cm×300 cm 或 332.5 cm+2×350 cm+332.5 cm，支立于条形基础上，钢管桩之间采用 φ273 mm×6 mm 钢管横向连接成整体，斜撑采用 φ402 mm×6 mm 钢管，桩顶设置 2 拼 I45b，横梁上布置大桥Ⅰ号作为承重梁，承重梁采用 1.5 m 与 4 m 标准的单层新型组合杆件，并在 4 m 新型组合杆件的上下弦设置加强弦杆，横向间距为（2×900 cm+3×

# 第 7 章 梁柱式支架的典型工程实例

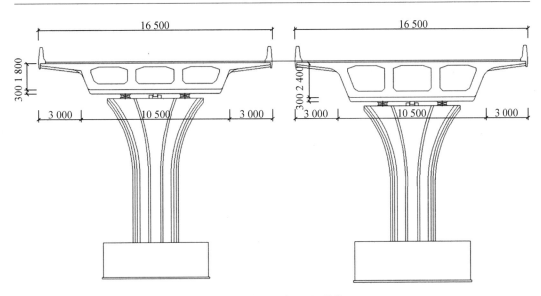

图 7.31 引桥横断面布置图(单位:mm)

450 cm+2×900 cm+3×450 cm+2×900 cm+3×450 cm+2×900 cm+3×450 cm+2×900 cm),承重梁之间采用花窗连接成整体,钢管桩支立于贝雷片处,采用 2 拼 I16 进行加强,贝雷片铺设 2 拼槽 10,2 拼槽 10 上搭设托撑,布置间距为 90 cm(纵向),横向布置间距:底板以及翼缘板处为 90 cm,腹板处为 45 cm,底模采用 δ=15 mm 的竹胶模板,纵向分配梁采用方木 100 mm×100 mm,间距为 300 mm,横向分配梁采用 2 拼槽 10。左、右线纵向布置图如图 7.32 所示,左、右线横向布置图如图 7.33 所示。

支架搭设前进行地基处理,经过地基处理的地基承载力不小于 150 kPa。

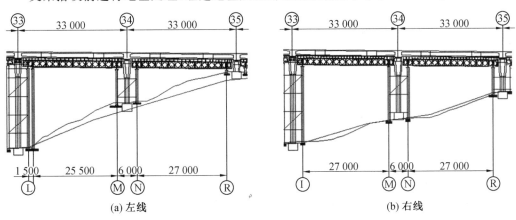

(a) 左线          (b) 右线

图 7.32 左、右线纵向布置图(单位:mm)

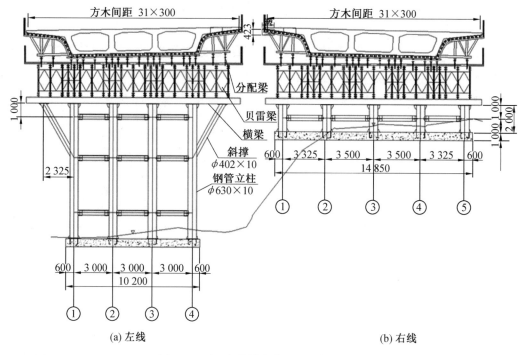

图 7.33 左、右线横向布置图(单位:mm)

## 7.3.2 计算依据及设计方法

**1. 计算依据**

(1)JGJ/T 231—2021《建筑施工承插型盘扣式钢管脚手架安全技术标准》。
(2)GB 50009—2012《建筑结构荷载规范》。
(3)GB 50068—2018《建筑结构可靠性设计统一标准》。
(4)JGJ 300—2013《建筑施工临时支撑结构技术规范》。
(5)GB 50017—2017《钢结构设计标准》。
(6)GB 50005—2017《木结构设计标准》。
(7)JGJ 162—2008《建筑施工模板安全技术规范》。
(8)《装配式公路钢桥使用手册》(2020)。
(9)相关施工图纸。

**2. 设计方法**

现浇支架结构采用以概率理论为基础的极限状态设计法,用分项系数的设计表达式进行设计。材料参数和贝雷片参数见表 7.4 和表 7.5。

表7.4 材料参数

| 材料型号 | 弹性模量/MPa | 密度/(kg·m$^{-3}$) | 线膨胀系数/℃$^{-1}$ | 设计值/MPa | | |
|---|---|---|---|---|---|---|
| | | | | 抗拉、抗压和抗弯 $f$ | 抗剪 $f_v$ | 端面承压 $f_{ce}$ |
| Q235钢材 | 206×10$^3$ | 7 850 | 12×8$^{-6}$ | 215 | 125 | 320 |
| Q345钢材 | | | | 305 | 175 | 400 |
| 方木/竹胶板 | 9 000 | 685 | | 13 | | |

表7.5 贝雷片参数

| 杆件名 | 材料 | 断面形式 | 设计承载力/kN |
|---|---|---|---|
| 弦杆 | Q345B | I14a | 1 380 |
| 竖杆 | Q345B | 方钢管 80 mm×80 mm×8 mm | 506 |
| 斜杆 | Q345B | 方钢管 80 mm×80 mm×6 mm | 348 |

### 7.3.3 荷载取值

**1. 荷载分析**

设计中考虑梁柱式支架的荷载种类有7种,分别为结构自重、箱梁自重、模板荷载、施工荷载、振捣混凝土产生的荷载、浇筑混凝土时产生的冲击荷载和风荷载。

(1)结构自重 $F_1$:按实际自重取值(荷载①)。跨中自重荷载布置图如图7.34所示,变截面自重荷载布置图如图7.35所示。

(2)箱梁自重 $F_2$:新浇混凝土密度取 26 kN/m$^3$(含钢筋等重)(荷载②)。

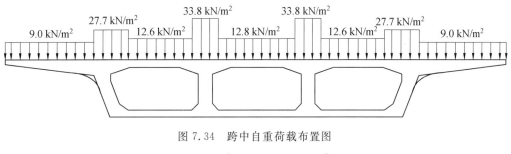

图7.34 跨中自重荷载布置图

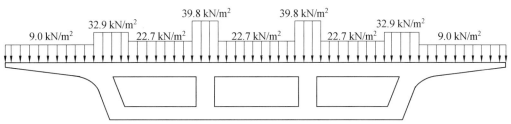

图7.35 变截面自重荷载布置图

(3)模板荷载 $F_3$:底模、外模及外模支撑荷载,按均布荷载计算,取 2.5 kN/m$^2$(荷载③)。

(4)施工荷载(施工人员、施工材料和机具荷载)$F_4$:按均布荷载计算,计算模板时,取 2.5 kN/m$^2$;计算支撑模板的纵横梁时,取 1.5 kN/m$^2$;计算支架立柱,取 1.0 kN/m$^2$(荷载④)。

(5) 振捣混凝土产生的荷载 $F_5$:取 $2.0\ kN/m^2$(荷载⑤)。
(6) 浇筑混凝土时产生的冲击荷载 $F_6$:取 $2.0\ kN/m^2$(荷载⑥)。
(7) 风荷载 $F_7$:作用于结构上的风荷载标准值为

$$w_k = \beta_z \mu_s \mu_z \omega_0 (荷载⑦)$$

式中　　$w_k$——风荷载标准值,$kN/m^2$;

　　　　$\beta_z$——风振系数,取 0.7;

　　　　$\mu_s$——风荷载体型系数,多排钢管取 1.09,桁架取 $0.3 \times 1.3 = 0.39$,模板取 1.3;

　　　　$\mu_z$——风压高度变化系数,取 1.39;

　　　　$\omega_0$——基本风压,取 $0.5\ kN/m^2$(取当地重现期 50 年的风压)。

作用在钢管上的风荷载标准值为

$$w_k = 0.7\mu_s\mu_z\omega_0 = 0.7 \times 1.09 \times 1.39 \times 0.5 = 0.53(kN/m^2)$$

作用在贝雷梁上的风荷载标准值:

$$w_k = 0.7\mu_s\mu_z\omega_0 = 0.7 \times 0.39 \times 1.39 \times 0.5 = 0.20(kN/m^2)$$

作用在模板上的风荷载标准值:

$$w_k = 0.7\mu_s\mu_z\omega_0 = 0.7 \times 1.3 \times 1.39 \times 0.5 = 0.63(kN/m^2)$$

**2. 荷载组合**

强度计算按照承载力极限状态验算,刚度计算按照正常使用极限状态验算。
(1) 强度计算:$1.3 \times (①+②+③) + 1.5 \times (④+⑤+⑥+⑦)$。
(2) 刚度计算:$1.0 \times (①+②+③)$。
(3) 稳定性计算。
模板支撑架安装完毕:$0.9 \times (①+③+④+⑦)$。
浇筑完混凝土:$1.3 \times (①+②+③) + 0.9 \times 1.5 \times (④+⑤+⑥+⑦)$。

### 7.3.4　结构计算

现浇支架计算采用 Midas Civil 有限元分析软件进行,选取最不利孔跨组合,建立支架结构整体模型。钢管桩、横梁、分配梁采用梁单元,桩底固结,其他采用弹性连接。支架计算模型如图 7.36 所示。

图 7.36　支架计算模型

**1. 强度计算**

图 7.37~7.43 所示为结构强度计算结果,经对比,贝雷梁弦杆的最大轴力为 1 046.0 kN<1 380 kN;贝雷梁竖杆的最大轴力为 183.9 kN<506 kN;贝雷梁斜杆的最大轴力为 220.4 kN<348 kN;加强腹杆的最大轴力为 290.6 kN<348 kN;横梁(2 拼 I45b)的最大组合应力为 124.4 MPa<215 MPa,最大剪应力为 80.4 MPa<125 MPa;钢管立柱及横联的最大组合应力为 111.5 MPa<215 MPa,最大反力为 1 306.8 kN;斜撑的最大组合应力为 83.7 MPa<215 MPa,最大轴力为 790.4 kN。

由以上计算结果与对比情况可知,结构强度均满足施工要求。

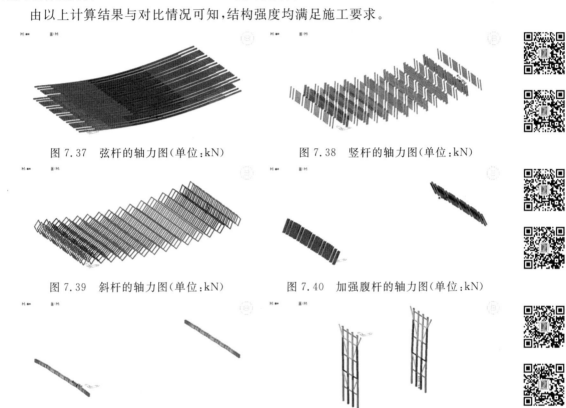

图 7.37 弦杆的轴力图(单位:kN) 　　图 7.38 竖杆的轴力图(单位:kN)

图 7.39 斜杆的轴力图(单位:kN) 　　图 7.40 加强腹杆的轴力图(单位:kN)

图 7.41 横梁的组合应力图(单位:MPa) 图 7.42 钢管立柱及横联的组合应力图(单位:MPa)

图 7.43 斜撑的组合应力图(单位:MPa)

**2. 刚度计算**

图 7.44~7.46 所示为结构刚度计算结果,钢管立柱的压缩变形最大为 8 mm<$L/1\ 000$=26 mm;贝雷片的最大位移为 52-8=44 mm<$L/400$=27 000/400=67.5 mm;横梁 2 拼 I45b 的最大位移为 11-8=3 mm<$L/400$=3 000/400=7.5 mm。

图 7.44 钢管立柱的压缩变形图(单位:mm)

图 7.45 贝雷片的位移图(单位:mm)

图 7.46 横梁的位移图(单位:mm)

由以上计算结果与对比情况可知,结构刚度均满足施工要求。

**3. 稳定性计算**

(1)局部稳定性计算。

①钢管支墩管桩。

钢管支墩管桩 $\phi 630 \text{ mm} \times 10 \text{ mm}$ 的截面特性如图 7.47 所示。管桩一端固结一端滑动支座,计算长度 $l_0 = 1.2 \times 26 = 31.2(\text{m})$,钢管桩受到的最大轴压力为 1 306.8 kN。

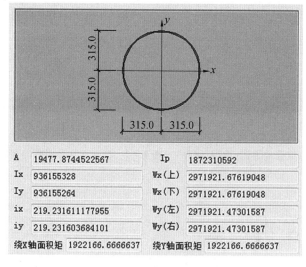

图 7.47 钢管桩截面特性

$$\lambda = \frac{l_0}{i_x} = \frac{3\ 120}{21.92} = 142.3$$

查表得 $\phi = 0.333$,则单根钢管桩 $\phi 630 \text{ mm} \times 10 \text{ mm}$: $\dfrac{N}{\phi A} = \dfrac{1\ 306.8 \times 10^3}{0.333 \times 194.8 \times 100} =$ 201.5(MPa)<215(MPa),压杆稳定性满足要求。

②斜撑。

斜撑 $\phi$402 mm×10 mm 的截面特性如图 7.48 所示。斜撑一端固结一端滑动支座，计算长度 $l_0=1.2\times4.6=5.52(\text{m})$，受到的最大轴力为 790.4 kN。

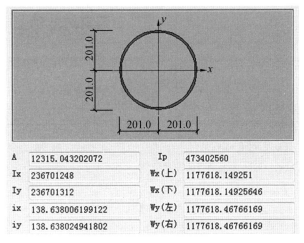

图 7.48 斜撑截面特性

$$\lambda=\frac{l_0}{i_x}=\frac{396}{13.86}=398$$

查表得 $\phi=0.899$，则斜撑 $\phi$402 mm×10 mm：$\dfrac{N}{\phi A}=\dfrac{790.4\times10^3}{0.899\times123.2\times100}=71.4$ (MPa)＜215(MPa)，压杆稳定性满足要求。

(2)整体抗倾覆稳定性计算。

抵抗倾覆的稳定性为

$$K=\frac{M_k}{M_q}$$

代入数值得

$$\frac{7\,991.1}{587.6+364}=8.4>1.5$$

式中　$K$——结构抗倾覆稳定系数，不小于 1.5；
　　　$M_k$——结构重力抗倾覆力矩，1 775.8 kN(支架自重荷载)×4.5 m(抗倾覆力矩)= 7 991.1 kN·m；
　　　$M_q$——结构风荷载倾覆力矩，取钢管和桁架风荷载倾覆力矩之和。

钢管风荷载倾覆力矩为

$$0.53\text{ kN/m}^2\times0.82\text{ m}\times26\text{ m}\times26\text{ m}\times2=587.6\text{ kN·m}$$

桁架风荷载倾覆力矩为

$$0.2\text{ kN/m}^2\times2.0\text{ m}\times28\text{ m}\times32.5\text{ m}=364\text{ kN·m}$$

经计算，现浇梁支架抗倾覆稳定满足要求。

**4. 条形基础计算**

条形基础混凝土设计强度等级为 C30($f_c=14.3\text{ N/mm}^2$，$f_t=1.43\text{ N/mm}^2$)，钢筋采

用 HRB400 级钢筋（$f_y=360\ \text{N/mm}^2$）。基础埋深为 0.00 m，基础纵筋混凝土保护层厚度为 50 mm，修正后的地基承载力特征值为 150 kPa。

表 7.6 柱脚支反力　　　　　　　　　　　　　　　　kN

| 　 | 轴号 | 1 | 2 | 3 | 4 | 　 | 轴号 | 1 | 2 | 3 | 4 | 5 |
|---|---|---|---|---|---|---|---|---|---|---|---|---|
| 左线 | I | 1 056.2 | 1 306.8 | 1 306.8 | 1 057.3 | 右线 | I | 880.5 | 1 106.3 | 1 108.3 | 883.8 | 882.1 |
| | M | 1 123.0 | 1 210.2 | 1 210.2 | 1 124.8 | | M | 1 036.0 | 1 170.8 | 1 170.9 | 1 037.6 | 1 037.6 |
| | N | 1 122.5 | 1 208.0 | 1 207.7 | 1 123.6 | | N | 1 084.7 | 1 226.0 | 1 225.5 | 1 086.0 | 1 085.9 |
| | R | 1 039.4 | 1 266.8 | 1 267.1 | 1 041.3 | | R | 738.6 | 1 035.7 | 966.1 | 1 035.2 | 740.3 |

(1) 基底反力计算（表 7.6）。

承载力计算时，底板总反力标准值（kPa）为

$$p_{k\max}=(N_k+G_k)/A+|M_{xk}|/W_x+|M_{yk}|/W_y$$

$$p_{k\min}=(N_k+G_k)/A-|M_{xk}|/W_x-M_{yk}|/W_y$$

$$p_k=(N_k+G_k)/A$$

强度计算时，底板净反力设计值（kPa）为

$$p_{j\max}=N/A+|M_x|/W_x+|M_y|/W_y$$

$$p_{j\min}=N/A-|M_x|/W_x-|M_y|/W_y$$

$$p=N/A$$

地基承载力为

$$p_k\leqslant f_a,\quad p_{k\max}\leqslant 1.2\times f_a$$

(2) 抗弯配筋。

最小配筋率要求为 0.15%。

(3) 基础抗剪计算。

抗剪计算公式为

$$V_s\leqslant 0.7\times\beta_{hs}\times f_t\times A_0$$

(4) 基础抗冲切计算（按破坏锥体单侧截面计算）。

抗冲切计算公式：$F_l\leqslant 0.7\times\beta_{hp}\times f_t\times A_c$，冲切力 $F_l$ 根据最大净反力 $p_{\max}$ 计算，并减去底板顶面计算范围内的柱子的轴力：

$$F_l=p_{\max}\times A_l-\sum N$$

注：当柱子中心落在计算范围内时，减去其轴力；当柱子中心落在计算范围边线上时，减去其轴力的一半。

(5) 局压计算。

局压计算公式为

$$F_l\leqslant 1.35\times\beta_c\times\beta_l\times f_c\times A_{ln}$$

左线和右线条形基础计算汇总表见表 7.7 和表 7.8。

表 7.7　左线条形基础计算汇总表

| 轴号 | 基础尺寸/(m×m×m) | 地基承载力/kN | 抗弯配筋/mm (底板下部 X,Y/上部 X/底上部 Y) | | |
|---|---|---|---|---|---|
| I | 3.1×10.2×0.6 | 149.6 | E14@170 | E14@170 | E12@200 |
| M | 3.1×10.2×0.6 | 147.8 | E14@170 | E14@170 | E12@200 |
| N | 3.1×10.2×0.6 | 147.5 | E14@170 | E14@170 | E12@200 |
| R | 3.1×10.2×0.6 | 146.1 | E14@170 | E14@170 | E12@200 |

| 轴号 | 基础抗剪/kPa | 基础冲切/kPa | 局压/kPa | |
|---|---|---|---|---|
| I | 854.61≤1 691.19 | 419.49≤641.02 | 1 425.87≤18 316.05 | 1 764.18≤22 986.46 |
| M | 952.63≤1 691.19 | 525.00≤641.02 | 1 516.05≤18 316.05 | 1 633.23≤22 986.46 |
| N | 952.01≤1 691.19 | 522.80≤641.02 | 1 515.38≤18 316.05 | 1 630.80≤22 986.46 |
| R | 846.33≤1 691.19 | 423.70≤641.02 | 1 403.19≤18 316.05 | 1 710.18≤22 986.46 |

表 7.8　右线条形基础计算汇总表

| 轴号 | 基础尺寸/(m×m×m) | 地基承载力/kN | 抗弯配筋/mm (底板下部 X,Y/上部 X/底上部 Y) | | |
|---|---|---|---|---|---|
| I | 3.7×10.2×0.7 | 137.71 | E16@190 | E16@190 | E12@200 |
| M | 3.1×10.2×0.6 | 139.79 | E14@170 | E14@170 | E12@200 |
| N | 3.1×10.2×0.6 | 146.29 | E14@170 | E14@170 | E12@200 |
| R | 2.1×10.2×0.6 | 144.96 | E16@200 | E16@200 | E12@200 |

| 轴号 | 基础抗剪/kPa | 基础冲切/kPa | 局压/kPa | |
|---|---|---|---|---|
| I | 928.48≤2 388.89 | 328.54≤823.20 | 366.39≤15 763.95 | 1 496.21≤22 986.46 |
| M | 865.58≤1 691.19 | 460.57≤641.02 | 1 398.60≤18 316.05 | 1 580.58≤22 986.46 |
| N | 906.01≤1 691.19 | 480.63≤641.02 | 1 464.34≤18 316.05 | 1 655.10≤22 986.46 |
| R | 655.73≤1 145.64 | 395.51≤641.02 | 997.11≤18 316.05 | 1 398.19≤22 986.46 |

经计算，现浇梁支架所用条形基础满足要求。

**5. 模板计算**

底模采用高强度竹胶板，板厚 $t=15$ mm，竹胶板方木背肋间距为 300 mm。取 1 m 单位宽计算，单向板受力。选取最大荷载（变截面处腹板）处进行计算。

（1）强度验算。

模板承受的线荷载为
$$q=[1.2(F_2+F_3)+1.4(F_4+F_5+F_6)]\times 1$$

代入数值得
$$[1.2\times(39.8+2.5)+1.4\times(2.5+2.0+2.0)]\times 1=59.86(\text{kN/m})$$

跨中最大弯矩为
$$M = ql^2/10$$
代入数值得
$$(59.86 \times 10^3 \times 0.2^2)/10 = 239.44(\text{N} \cdot \text{m})$$
截面惯性矩为
$$I = bh^3/12$$
代入数值得
$$100 \times 1.5^3/12 = 28.1(\text{cm}^4)$$
截面抵抗矩为
$$W = bh^2/6$$
代入数值得
$$100 \times 1.5^2/6 = 37.5(\text{cm}^3)$$
弯拉应力为
$$\sigma = M/W < [\sigma]$$
代入数值得
$$(239.44 \times 10^3)/(37.5 \times 10^3) < 13(\text{MPa})$$
因此，模板强度满足要求。

(2)刚度验算。
$$q = (F_2 + F_3) \times 1$$
代入数值得
$$(39.8 + 2.5) \times 1 = 42.3(\text{kN/m})$$
跨中最大挠度为
$$f = 0.677ql^4/100EI$$
代入数值得
$$(0.677 \times 42.3 \times 200^4)/(100 \times 9\,000 \times 28.1 \times 10^4) = 0.18(\text{mm}) < L/400 = 0.5(\text{mm})$$
因此，模板刚度满足要求。

**6. 方木计算**

(1)变截面强度验算。

纵向方木为 10 cm×10 cm 方木，中对中间距为 300 mm，搭设在间距为 90 cm 的分配梁上，则计算跨径取 90 cm 按照多跨连续梁进行计算。选取最大荷载(腹板)处进行验算。

纵向方木承受的线荷载为
$$q = [1.2(F_2 + F_3) + 1.4(F_4 + F_5 + F_6)] \times 0.3$$
代入数值得
$$[1.2 \times (39.8 + 2.5) + 1.4 \times (1.5 + 2.0 + 2.0)] \times 0.3 = 17.54(\text{kN/m})$$
跨中最大弯矩为
$$M = ql^2/10$$
$$(17.54 \times 10^3 \times 0.9^2)/10 = 1\,420.58(\text{N} \cdot \text{m})$$

截面惯性矩为
$$I=bh^3/12$$
代入数值得
$$10\times10^3/12=833.3(\text{cm}^4)$$
截面抵抗矩为
$$W=bh^2/6$$
代入数值得
$$10\times10^2/6=166.7(\text{cm}^3)$$
弯拉应力为
$$\sigma=M/W<[\sigma]$$
代入数值为
$$(1\,420.58\times10^3)/(166.7\times10^3)=8.5(\text{MPa})<13(\text{MPa})$$
剪力设计值为
$$V=17.54\times0.9/2=7.9(\text{kN})$$
面积矩为
$$S=10\times5\times2.5=125(\text{cm}^3)$$
受剪应力为
$$\tau=VS/Ib<[f_v]$$
代入数值为
$$7.9\times10^3\times125\times1\,000/(833.3\times10^4\times100)=1.2(\text{MPa})<1.4(\text{MPa})$$
因此，纵向方木强度满足要求。

(2)变截面刚度验算。
$$q=(F_1+F_3)\times0.3$$
代入数值得
$$(39.8+2.5)\times0.3=12.69(\text{kN/m})$$
跨中最大挠度为
$$f=0.677ql^4/100EI<L/400$$
代入数值得
$$(0.677\times12.69\times900^4)/(100\times9\,000\times833.3\times10^4)=0.75(\text{mm})<2.25(\text{mm})$$
因此，纵向方木刚度满足要求。

(3)跨中截面。

纵向方木为 10 cm×10 cm 方木，中对中间距为 300 mm，搭设在间距为 90 cm 的分配梁上，则计算跨径取 90 cm，按照多跨连续梁进行计算。选取荷载最大(腹板)处进行验算。

纵向方木承受的线荷载为
$$q=[1.2(F_2+F_3)+1.4(F_4+F_5+F_6)]\times0.3$$
代入数值得
$$[1.2\times(33.8+2.5)+1.4\times(1.5+2.0+2.0)]\times0.3=15.38(\text{kN/m})$$

跨中最大弯矩为

$$M = ql^2/10$$

代入数值得

$$15.38 \times 10^3 \times 0.9^2/10 = 1\,245.6(\text{N} \cdot \text{m})$$

截面惯性矩为

$$I = bh^3/12$$

代入数值得

$$10 \times 10^3/12 = 833.3(\text{cm}^4)$$

截面抵抗矩为

$$W = bh^2/6$$

代入数值得

$$10 \times 10^2/6 = 166.7(\text{cm}^3)$$

弯拉应力为

$$\sigma = M/W < [\sigma]$$

代入数值得

$$(1\,245.6 \times 10^3)/(166.7 \times 10^3) = 7.5(\text{MPa}) < 13(\text{MPa})$$

剪力设计值为

$$V = 15.38 \times 0.9/2 = 6.9(\text{kN})$$

面积矩为

$$S = 10 \times 5 \times 2.5 = 125(\text{cm}^3)$$

受剪应力为

$$\tau = VS/Ib < [f_v]$$

代入数值得

$$6.9 \times 10^3 \times 125 \times 1\,000/(833.3 \times 10^4 \times 100) = 1.0(\text{MPa}) < 1.4(\text{MPa})$$

因此,纵向方木强度满足要求。

(4)跨中刚度验算。

$$q = (F_2 + F_3) \times 0.3$$

代入数值得

$$(33.8 + 2.5) \times 0.3 = 10.89(\text{kN/m})$$

跨中最大挠度为

$$f = 0.677ql^4/100EI < L/400$$

代入数值得

$$0.677 \times 10.89 \times 900^4/(100 \times 9\,000 \times 166.7 \times 10^4) = 0.6(\text{mm}) < 2.25(\text{mm})$$

因此,纵向方木刚度满足要求。

**7. 套管计算**

(1)变截面。

①腹板处套杆托撑布置间距为 90 cm×45 cm(纵向×横向),所以每根钢管承受上部 90 cm×45 cm 面积的质量,据此计算单根立杆承受的荷载为

$$N = 1.2\left(\sum N_{GK1} + \sum N_{GK2}\right) + 1.4 N_{QK}$$

代入数值得

$1.2 \times (39.8 + 2.5) \times 0.9 \times 0.45 + 1.4 \times (1.0 + 2.0 + 2.0) \times 0.9 \times 0.45 = 23.4 \text{(kN)}$

②底板处套杆托撑布置间距为 90 cm×90 cm(纵向×横向)，所以每根钢管承受上部 90 cm×90 cm 面积的质量，据此计算单根立杆承受的荷载为

$$N = 1.2\left(\sum N_{GK1} + \sum N_{GK2}\right) + 1.4 N_{QK}$$

代入数值得

$1.2 \times (22.7 + 2.5) \times 0.9 \times 0.9 + 1.4 \times (1.0 + 2.0 + 2.0) \times 0.9 \times 0.9 = 30.2 \text{(kN)}$

(2) 跨中截面。

①腹板处套杆托撑布置间距为 90 cm×45 cm(纵向×横向)，所以每根钢管承受上部 90 cm×45 cm 面积的质量，据此计算单根立杆承受的荷载为

$$N = 1.2\left(\sum N_{GK1} + \sum N_{GK2}\right) + 1.4 N_{QK}$$

代入数值得

$2 \times (33.8 + 2.5) \times 0.9 \times 0.45 + 1.4 \times (1.0 + 2.0 + 2.0) \times 0.9 \times 0.45 = 20.5 \text{(kN)}$

②底板处套杆托撑布置间距为 90 cm×90 cm(纵向×横向)，所以每根钢管承受上部 90 cm×90 cm 面积的质量，据此计算单根立杆承受的荷载为

$$N = 1.2\left(\sum N_{GK1} + \sum N_{GK2}\right) + 1.4 N_{QK}$$

代入数值得

$1.2 \times (12.8 + 2.5) \times 0.9 \times 0.9 + 1.4 \times (1.0 + 2.0 + 2.0) \times 0.9 \times 0.9 = 20.5 \text{(kN)}$

综上，套管受到最大荷载为 30.2 kN。

套杆规格为 $\phi 48 \text{ mm} \times 3.5 \text{ mm}$，计算长度 $l = 60 \text{ cm}$，回转半径为 1.57 cm，套管截面面积 $A = 489 \text{ mm}^2$。

$\lambda = \dfrac{l_0}{i_x} = \dfrac{60}{1.57} = 38.2$，查表得 $\varphi = 0.905$，则单根套管 $\phi 48 \text{ mm} \times 3.5 \text{ mm}$：

$$\frac{N}{\varphi A} = \frac{30.2 \times 10^3}{0.905 \times 489 \times 100} = 0.68 \text{(MPa)} < 215 \text{(MPa)}$$

满足要求。

套管焊缝计算：

$$\tau = \frac{N}{h_e l_w} = \frac{30.2 \times 10^3}{6 \times 70 \times 0.7 \times 8} = 12.8 \text{(MPa)} < 125 \text{(MPa)}$$

满足要求。

套管下分配梁(2 拼槽钢 10)计算，选取最不利情况(跨度为 90 cm，荷载为 30.2 kN)。

跨中最大弯矩为

$$M = Fl/4$$

代入数值得

$$30.2 \times 10^3 \times 0.9/4 = 6\,795 \text{(N·m)}$$

截面惯性矩：$I = 396.25 \text{ cm}^4$

截面抵抗矩：$W = 79.32 \text{ cm}^3$

弯拉应力为
$$\sigma = M/W < [\sigma]$$

代入数值得
$$(6\,795 \times 10^3)/(79.32 \times 10^3) = 85.6(\text{MPa}) < 215(\text{MPa})$$

剪力设计值为
$$V = 30.2 \times 0.9/2 = 13.59(\text{kN})$$

面积矩为
$$S = 47.1 \text{ cm}^3$$

受剪应力为
$$\tau = VS/It < [f_v]$$

代入数值得
$$13.59 \times 10^3 \times 47.1 \times 1\,000/(396.25 \times 10^4 \times 5.3) = 30.5(\text{MPa}) < 125(\text{MPa})$$

跨中最大挠度为
$$f = Fl^3/48EI < L/400$$

代入数值得
$$(30.2 \times 900^3)/(48 \times 206\,000 \times 396.25 \times 10^4) = 0.1(\text{mm}) < 2.25(\text{mm})$$

因此，套管满足要求。

**8. 支点处计算**

(1) 分配梁(2拼槽钢10)计算。

①强度计算。

横向分配梁采用2拼槽钢10，中对中间距为600 mm，搭设在间距为60 cm的立杆上，则计算跨径取60 cm 按照多跨连续梁进行计算。

横向分配梁承受的线荷载为
$$q = [1.2(F_2 + F_3) + 1.4(F_4 + F_5 + F_6)] \times 0.6$$

代入数值得
$$[1.2 \times (54.6 + 2.5) + 1.4 \times (1.5 + 2.0 + 2.0)] \times 0.6 = 45.73(\text{kN/m})$$

跨中最大弯矩为
$$M = ql^2/10$$

代入数值得
$$(45.73 \times 10^3 \times 0.6^2)/10 = 1\,646.35(\text{N} \cdot \text{m})$$

截面惯性矩：$I = 396.25 \text{ cm}^4$

截面抵抗矩：$W = 79.32 \text{ cm}^3$

弯拉应力为
$$\sigma = M/W < [\sigma]$$

代入数值得
$$(1\,646.35 \times 10^3)/(79.32 \times 10^3) = 21(\text{MPa}) < 215(\text{MPa})$$

剪力设计值：$V = 45.73 \times 1.2/2 = 9.2(\text{kN})$

面积矩:$S=47.1\ \text{cm}^3$

受剪应力为
$$\tau=VS/It<[f_v]$$

代入数值得

$9.2\times 10^3\times 47.1\times 1\ 000/(396.25\times 10^4\times 5.3)=20.6(\text{MPa})<125(\text{MPa})$

因此,横向分配梁强度满足要求。

②刚度计算。
$$q=(F_1+F_3)\times 0.6$$

代入数值得

$(54.6+2.5)\times 0.6=34.26(\text{kN/m})$

跨中最大挠度为
$$f=0.677ql^4/100EI$$

代入数值得

$(0.677\times 34.26\times 600^4)/(100\times 206\ 000\times 396.25\times 10^4)=0.04(\text{mm})<1.5(\text{mm})$

因此,横向分配梁刚度满足要求。

(2)分配梁(I25a)计算。

①强度计算。

横向分配梁采用I25a,中对中间距为 600 mm,搭设在间距为 195 cm 的纵梁上,则计算跨径取 195 cm 按照多跨连续梁进行计算。

横向分配梁承受的线荷载为
$$q=[1.2(F_2+F_3)+1.4(F_4+F_5+F_6)]\times 0.6$$

代入数值得

$[1.2\times(54.6+2.5)+1.4\times(1.5+2.0+2.0)]\times 0.6=45.73(\text{kN/m})$

跨中最大弯矩为
$$M=ql^2/10$$

代入数值得

$45.73\times 10^3\times 1.95^2/10=17\ 388.8(\text{N}\cdot\text{m})$

截面惯性矩:$I=5\ 020\ \text{cm}^4$

截面抵抗矩:$W=402\ \text{cm}^3$

弯拉应力为
$$\sigma=M/W<[\sigma]$$

代入数值得

$17\ 388.8\times 10^3/(402\times 10^3)=43.3(\text{MPa})<215(\text{MPa})$

剪力设计值为
$$V=45.73\times 1.95/2=44.6(\text{kN})$$

面积矩为
$$S=230.7\ \text{cm}^3$$

受剪应力为

$$\tau = VS/It < [f_v]$$

$$44.6 \times 10^3 \times 230.7 \times 1\,000/(5\,020 \times 10^4 \times 8) = 25.6(\text{MPa}) < 125(\text{MPa})$$

因此,横向分配梁强度满足要求。

②刚度计算。

$$q = (F_1 + F_3) \times 0.6$$

代入数值得

$$(54.6 + 2.5) \times 0.6 = 34.26(\text{kN/m})$$

跨中最大挠度为

$$f = 0.677ql^4/100EI$$

代入数值得

$$0.677 \times 34.26 \times 1\,950^4/(100 \times 206\,000 \times 5\,020 \times 10^4) = 0.32(\text{mm}) < 4.9(\text{mm})$$

$$f = 0.677ql^4/100EI < L/400$$

代入数值得

$$0.677 \times 34.26 \times 1\,950^4/(100 \times 206\,000 \times 5\,020 \times 10^4) = 0.32(\text{mm}) < 4.9(\text{mm})$$

因此,横向分配梁刚度满足要求。

(3)纵梁计算。

纵梁采用 2 拼 I45b,中对中间距为 1 950 mm,搭设在最大间距为 600 cm 的 2 拼 I45b 横梁上,则计算跨径取 600 cm 按照多跨连续梁进行计算。

①强度计算。

纵梁承受的线荷载为

$$q = [1.2(F_2 + F_3) + 1.4(F_4 + F_5 + F_6)] \times 1.95$$

代入数值得

$$[1.2 \times (54.6 + 2.5) + 1.4 \times (1.5 + 2.0 + 2.0)] \times 1.95 = 148.6(\text{kN/m})$$

跨中最大弯矩为

$$M = ql^2/10$$

代入数值得

$$148.6 \times 10^3 \times 6^2/10 = 535\,064.4(\text{N} \cdot \text{m})$$

截面惯性矩:$I = 67\,518\ \text{cm}^4$

截面抵抗矩:$W = 3\,000\ \text{cm}^3$

弯曲拉应力为

$$\sigma = M/W < [\sigma]$$

代入数值得

$$535\,064.4 \times 10^3/(3\,000 \times 10^3) = 178(\text{MPa}) < 215(\text{MPa})$$

剪力设计值:$V = 148.6 \times 6/2 = 445.8(\text{kN})$

面积矩:$S = 1\,774\ \text{cm}^3$

剪应力为

$$\tau = VS/It < [f_v]$$

代入数值得

$$445.8\times10^3\times1\,774\times1\,000/(67\,518\times10^4\times13.5)<125(\text{MPa})$$

因此,纵梁强度满足要求。

②刚度计算。

$$q=(F_1+F_3)\times1.95$$

代入数值得

$$(54.6+2.5)\times1.95=111.35(\text{kN/m})$$

跨中最大挠度为

$$f=0.677ql^4/100EI<L/400$$

代入数值得

$$0.677\times111.35\times6\,000^4/(100\times206\,000\times67\,518\times10^4)=7.02(\text{mm})<L/400=15(\text{mm})$$

因此,纵梁刚度满足要求。

通过以上计算,现浇支架强度、刚度、稳定性等性能指标基本满足使用要求。

# 第8章 钢栈桥的设计方法

## 8.1 概述

栈桥是一种用于交通运输、机械布设及架空作业的临时桥式结构。在土木工程中,栈桥作为一种施工通道,是为工程建设服务的一项临时结构。在跨越江河水体乃至跨海大型桥梁的建设中,桥梁建设多通过栈桥完成施工作业。栈桥具有规模大、荷载重、结构复杂等特点,其设计具有一定的难度,但目前在国内缺乏相关的规范及参考资料。本章介绍了钢栈桥的基本组成和常见形式,给出了常规工程中钢栈桥荷载的确定方法,并详述了钢栈桥各项计算内容和要点。从而为施工设计人员提供参考。

## 8.2 钢栈桥的典型形式

### 8.2.1 基本组成

施工中应用的栈桥形式有型钢栈桥、装配式贝雷片栈桥、钢筋混凝土栈桥;一般以装配式贝雷片栈桥最为常见;栈桥按照受力方式的不同可分为上承式栈桥和下承式栈桥。其具体的构造组成应由功能需求和现场材料确定。以上承式装配式贝雷梁栈桥为例,其典型结构形式如图8.1所示。

图 8.1 钢栈桥典型结构形式
(图例引自《搜狐网》)

## 8.2.2 主要构配件

钢栈桥所包含的主要构配件有钢管桩、分配梁、连接系、贝雷梁、桥面板及附属结构。以平潭海峡大桥某钢栈桥为例,下面简要介绍各构配件情况。

**1. 钢管桩**

钢管桩是将钢栈桥荷载传递到地面的纵向受压构件,钢管柱顺桥向双侧布置,视工程具体情况,每双排或三排钢管桩由连接系两两连接成组,分布于大桥主墩两侧,组与组之间的间距由大桥桥墩间距控制。钢管柱长度受桥面标高和河床标高控制,各排钢管柱之间的长度各不相同。钢管柱依据主体钢管规格不同分为 A、B 两种,其主体钢管规格分别为 $\phi1\,800\text{ mm}\times22\text{ mm}\times40\,000\text{ mm}$、$\phi1\,420\text{ mm}\times16\text{ mm}\times40\,000\text{ mm}$。各钢管柱附属子构件共计 13 个,6 种类型。钢管桩整体构件钢材采用 Q235B。钢管桩模型如图 8.2 所示。

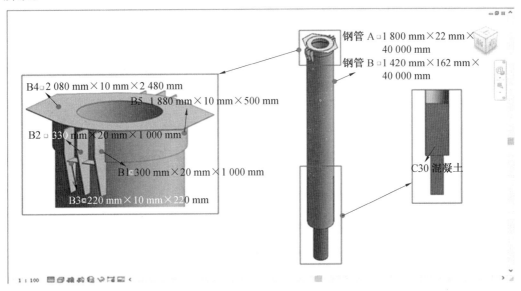

图 8.2 钢管桩模型

**2. 分配梁**

钢栈桥分配梁焊接于每排钢管桩顶端,用于承受贝雷梁及上方荷载并传递给钢管桩。项目中分配梁规格统一,采用 NH900 mm×300 mm×10 300 mm 型钢,肋板规格 A1 为 □844 mm×10 mm×143 mm,A2 为 □872 mm×10 mm×292 mm,材质均为 Q235B。分配梁模型如图 8.3 所示。

**3. 连接系**

钢栈桥连接系是连接横纵向钢管桩使其形成整体的连接钢构件。该项目中,连接系采用 $\phi630$ mm×10 mm 钢管焊接形成 Z 字形,Q235B 材质。上下水平杆两端与钢管桩外壁间距为 10 cm,端头处焊接两半 $\phi650$ mm×10 mm 钢管作为焊接钢管桩的连接件。连接系根据所连接的钢管桩中心线间距和斜杆中线与水平杆中线交点距近端钢管桩中线的距离的不同分为 A、B、C、D 四种。钢管桩连接系模型如图 8.4 所示。

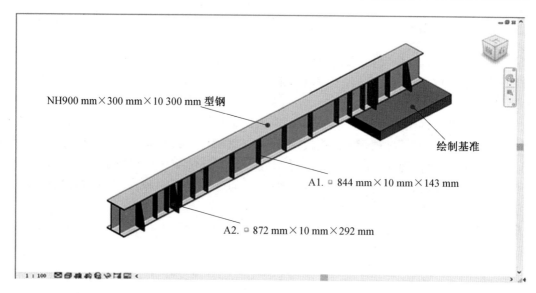

图 8.3 分配梁模型

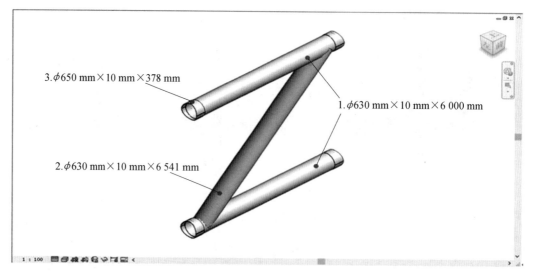

图 8.4 钢管桩连接系模型

**4. 贝雷梁**

钢栈桥贝雷梁是桥体承重的重要构件。贝雷梁是由贝雷架以花窗作为连接构件用螺栓拴接形成的。贝雷架单元是构成贝雷梁的基本组成,花窗则是形成贝雷梁的必要连接构件。

(1)贝雷架单元。

该项目中的贝雷架单元并非传统的 321 贝雷片,而是一种新制组合杆件,但是贝雷片本身结构仍采用传统结构形式。项目中贝雷片的形式有 1.5 m 新型组合杆件(图 8.5)、2 m 新型组合杆件(图 8.6)和 4 m 新型组合杆件(图 8.7)三种。

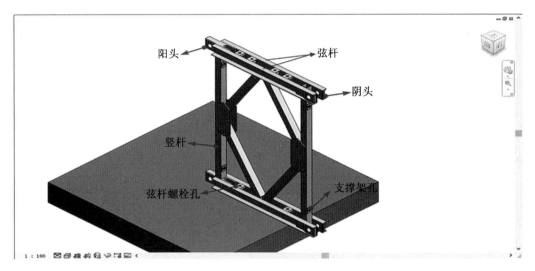

图 8.5　1.5 m 贝雷片模型

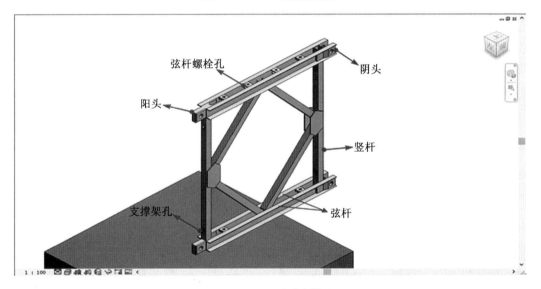

图 8.6　2 m 贝雷片模型

(2)支撑架(花窗)。

支撑架俗称花窗,一般通过焊接或拴接将贝雷梁在横向上连接为整体,增强横向刚度和钢栈桥的整体性,是钢栈桥的重要组成构件。项目中,花窗布置的位置包括贝雷梁地面和贝雷梁截面处,材质均为 Q235B。项目中共采用两种不同的支撑架,分别为 0.9 m 支撑架(图 8.8)和 1.35 m 支撑架(图 8.9)。

(3)钢栈桥上部结构。

项目中钢栈桥贝雷梁中多采用 4 m 新型组合杆件,其余两种新型组合杆件主要用于填补不同米数钢栈桥上部结构的米数缺口。项目中钢栈桥上部结构共有 48 m、28 m、27 m、26 m、25.5 m、25 m、24 m、22 m、20 m、10 m、8 m、7.5 m 不同长度,共计 12 种。7.5 m 跨栈桥上部结构模型如图 8.10 所示。

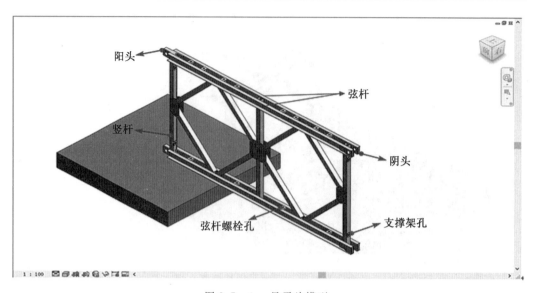

图 8.7　4 m 贝雷片模型

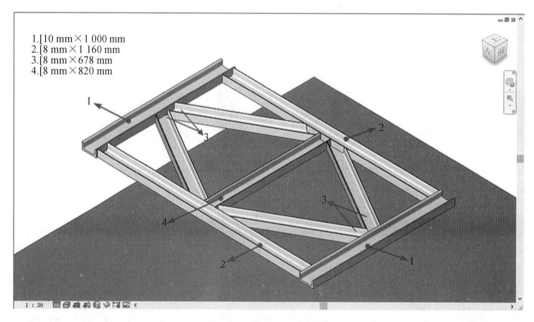

图 8.8　支撑架 Z1 组模型

### 5. 桥面板及附属结构

桥面板及附属结构主要包括桥面板、栏杆以及管线通道,其模型如图 8.11 所示。项目中桥面板为 8 000 mm×2 000 mm×200 mm 混凝土板。

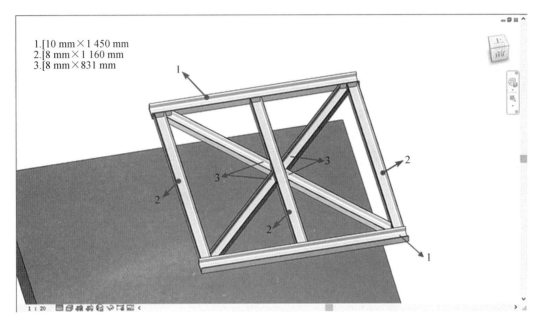

1.[10 mm×1 450 mm
2.[8 mm×1 160 mm
3.[8 mm×831 mm

图 8.9　支撑架 Z2 组模型

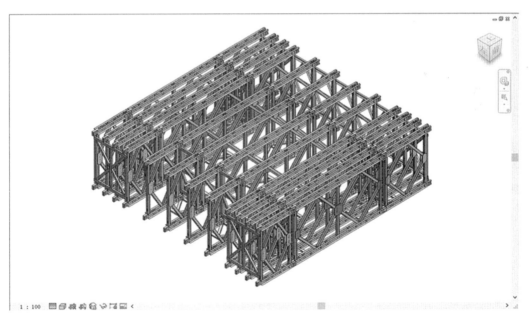

图 8.10　7.5 m 跨栈桥上部结构模型

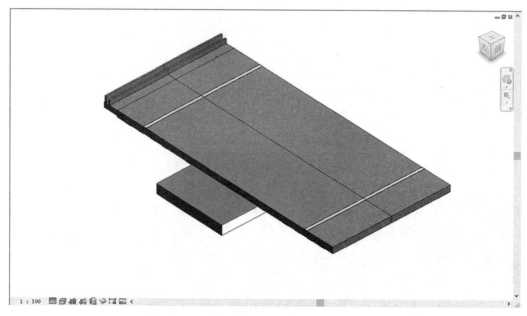

图 8.11 桥面板及管线通道阵列参数化模型

## 8.3 荷载

### 8.3.1 荷载分类

**1. 永久荷载**

永久荷载主要是钢栈桥的构件自重,如钢板或槽钢、工字钢分配梁、贝雷片和墩柱等。

**2. 可变荷载**

可变荷载以桥面行车、机械、施工及人群荷载等为主。根据工程经验,栈桥参照公路Ⅰ级作为荷载等级是安全的。汽车荷载由车道荷载和车辆荷载组成,车道荷载主要包含均布荷载和集中荷载。桥梁结构做整体计算时采用车道荷载,桥梁结构的局部加载计算采用车辆荷载,车辆荷载同车道荷载的作用不能叠加。栈桥汽车荷载的取值往往采用车辆荷载。施工机械以履带式旋挖钻、履带吊等常用履带式机械为主,荷载计算主要采用履带同桥面接触的面荷载,也可转化成为点、线荷载。

**3. 偶然荷载**

偶然荷载主要有船舶、漂浮物撞击力。

### 8.3.2 荷载取值

**1. 结构构件自重**

结构构件自重按照实际的结构构件自重进行计算。

**2. 汽车荷载**

汽车荷载的立面布置、平面尺寸及技术参数可参考 JTG D60—2015《公路桥涵设计通用规范》4.3.1节的规定。

《贝雷架使用手册》中推荐汽车荷载冲击系数按下式计算：

$$1+\mu=1+\frac{15}{37.5+L} \tag{8.1}$$

式中 $\mu$——冲击系数；

$L$——计算跨径长度。

当$1+\mu>1.3$时，按1.3取用。汽车荷载的冲击力为汽车荷载乘以冲击系数$\mu$。

钢栈桥上需计算汽车荷载冲击作用，支座的冲击力标准值为汽车荷载标准值乘以冲击系数，根据JTG D60—2015《公路桥涵设计通用规范》中的规定，一般当汽车荷载局部加载的冲击系数采用1.3。

由JTG D60—2015《公路桥涵设计通用规范》：多车道桥梁上的汽车荷载应考虑多车道折减，当设计车道数目大于2时，应计入车道的横向折减系数。一般栈桥和便桥的设计车道小于等于2车道，因而计算时不考虑折减系数。当弯道桥的曲线半径小于或等于250 m时，应计算荷载引起的离心力。

汽车及履带式等的横向分配系数可按杠杆法计算。汽车荷载按居中行驶，横向分配系数为0.5。

汽车荷载离心力标准值按JTG D60—2015《公路桥涵设计通用规范》4.3.3条规定的车辆荷载（不计冲击力）标准值乘以离心力系数$C$计算。离心力系数按下式计算：

$$C=\frac{v^2}{127R} \tag{8.2}$$

式中 $v$——设计速度，km/h，应按桥梁所在路线设计速度采用；

$R$——曲线半径，m。

注：计算多车道桥梁的汽车荷载离心力时，车辆荷载标准值应乘以规定的横向折减系数；离心力的着力点在桥面以上1.2 m处（为计算简便，也可移至桥面上，不计由此引起的作用效应）。

**3. 人群荷载标准值**

桥梁计算跨径小于或等于50 m时，取3.0 kN/m²；计算跨径等于或大于150 m时，取2.5 kN/m²；跨径在50～150 m之间时，采用线性内插取值。

**4. 风荷载标准值**

风荷载标准值应按现行JTG/T D60-01—2004《公路桥梁抗风设计规范》的规定计算。

### 8.3.3 荷载效应组合

钢栈桥荷载效应组合一般考虑正常工作极限状态下两种工况和承载力极限状态下一种工况。对于主要用途为承载城市交通的钢栈桥，栈桥常见计算工况见表8.1。对于跨水域桥梁施工钢栈桥，一种跨海大桥深水区域钢栈桥典型计算工况见表8.2。当施工环境不似示例中恶劣时，环境荷载应按照现场实际情况取用。

表 8.1　某城市交通导行钢栈桥计算工况与荷载组合

| 设计状态 | 工况 | 荷载组合 | | |
|---|---|---|---|---|
| | | 恒载 | 基本可变荷载 | 其他可变荷载 |
| 正常工作极限状态 | Ⅰ | 结构自重 | 公路Ⅰ级标准车辆走行 | 十年一遇风荷载 |
| 正常工作极限状态 | Ⅱ | 结构自重 | 城市A级荷载走行 | 十年一遇风荷载 |
| 承载力极限状态 | Ⅲ | 结构自重 | — | 百年一遇风荷载 |

表 8.2　某跨海大桥施工钢栈桥计算工况与荷载组合

| 设计状态 | 工况 | 荷载组合 | | |
|---|---|---|---|---|
| | | 恒载 | 基本可变荷载 | 其他可变荷载 |
| 正常工作极限状态 | Ⅰ | 结构自重 | 公路10 m³ 混凝土罐车+结构自重+人行荷载 | 8级风+水流力+波浪力 |
| 正常工作极限状态 | Ⅱ | 结构自重 | 150 t 履带吊行走 | 8级风+水流力+波浪力 |
| 承载力极限状态 | Ⅲ | 结构自重 | — | 14级风+水流力+波浪力 |

## 8.4　设计与计算

钢栈桥主要计算内容包括:桥面系、分配梁、主梁的强度、刚度、稳定性验算,同时计算墩柱、基础的承载力、稳定性、沉降和抗冲刷验算。

### 8.4.1　桥面系强度、刚度验算

桥面系种类较多,常见的有槽钢或工字钢上铺钢板、预制混凝土桥面板等。自重假定为均布荷载,验算时取最不利工况。

**1. 结构自重内力计算**

$$M_{自重}=M_{桥面系}=\frac{q_{桥面系}x^2}{8} \tag{8.3}$$

**2. 活荷载产生的内力计算**

简支梁(槽钢):

$$M_{活载}=\frac{(P_{行车}+P_{施工})x}{4} \tag{8.4}$$

式中　$x$——分配梁间距。

由剪力及弯矩影响线:钢板跨中最大截面正应力为

$$\sigma=\frac{M_{活载}+M_{自重}}{W_x}$$

支点处为最大截面切应力为

$$\tau_{max}=\frac{QS}{Ib}$$

式中　$Q$——横截面上的剪力；
　　　$S$——横截面上距中性轴为 $y$ 轴的横线以外部分的面积对中性轴的静距；
　　　$I$——整个横截面对其中性轴的惯性矩；
　　　$b$——截面宽度。

截面切应力最大值为两分配梁支点处。

若计算型钢，则型钢可取

$$\tau_{\max}=\frac{Q}{\frac{I}{S}d}$$

式中　$d$、$I/S$——可通过型钢规格表查得。

查《路桥施工计算手册》得 Q235 钢材强度设计值为 $[\sigma_w]=145$ MPa，$[\tau]=85$ MPa。由《建筑结构静力计算手册(第二版)》可得挠度 $f=\frac{Px^3}{48EI}$，受弯构件挠度容许值见 GB 50017—2017《钢结构设计标准》，附录 A 结构或构件的变形容许值。若 $f$ 小于梁受弯容许值，$\sigma_{\max}<[\sigma_w]$，$\tau_{\max}<[\tau]$，则强度满足要求，从而确定横桥向分配梁间距。

### 8.4.2　分配梁强度、刚度验算

分配梁按照简支梁计算：

$$M_{自重}=\frac{(q_{桥面系}+q_{分配梁})l^2}{8} \tag{8.5}$$

式中　$l$——横桥向两支点间分配梁长度。

$$M_{活载}=\frac{[(1+\mu)q_{行车}+q_{施工}]l}{4} \tag{8.6}$$

式中　$\mu$——汽车荷载的冲击系数。

$$\sigma=\frac{M_{活载}+M_{自重}}{W_x} \tag{8.7}$$

$$\tau_{\max}=\frac{Q_{\max}S}{Ib} \tag{8.8}$$

$$f=\frac{Pl^3}{48EI} \tag{8.9}$$

若 $f$ 小于梁受弯构件容许值，$\sigma_{\max}<[\sigma_w]$，$\tau<[\tau]$，则强度满足要求，从而确定纵桥向主梁间距。由上部向下传递荷载选择梁的搭设数量。

### 8.4.3　主梁结构强度、刚度

若钢栈桥主梁为工字钢或贝雷梁，并假定工字钢或贝雷梁搭设均匀，则

$$M_{自重}=\frac{(q_{桥面系}+q_{分配梁}+q_{梁体})L^2}{8} \tag{8.10}$$

式中　$L$——主梁跨度。

$$M_{活载}=\frac{[(1+\mu)P_{行车}+P_{施工}]L}{4} \tag{8.11}$$

$$M_{总}=M_{活载}+M_{自重} \tag{8.12}$$

$$\sigma=\frac{M_{活载}+M_{自重}}{W_x} \tag{8.13}$$

$$\tau_{\max}=\frac{Q_{\max}S}{Ib} \tag{8.14}$$

$$f=\frac{PL^3}{48EI} \tag{8.15}$$

若 $f$ 小于梁受弯构件容许值，$\sigma_{\max}<[\sigma_w]$，$\tau<[\tau]$，则强度满足要求，从而确定纵桥向主梁跨度 $L$。

### 8.4.4 结构稳定性

**1. 整体稳定性**

主梁、分配梁整体稳定，可用按下式进行计算：

$$\frac{M_x}{\varphi_b W_x}\leqslant f \tag{8.16}$$

式中　$M_x$——绕强轴作用的最大弯矩；

　　　$W_x$——按受压纤维确定的梁毛截面模量；

　　　$\varphi_b$——梁的整体稳定性系数，按 GB 50017—2017《钢结构设计标准》确定。

在以下情况下可不计算梁的稳定性：①有铺板（各种钢筋混凝土板和钢板）密铺在梁的受压翼缘上并与其牢固相连且能阻止梁受压翼缘的侧向位移时；②工字形简支梁受压翼缘的自由长度 $l$ 与宽度 $b$ 之比不超过表 8.3 所规定的值时。

表 8.3　自由长度与宽度限值表

| 钢号 | 跨中无侧向支撑点的梁 | | 跨中受压翼缘有侧向支撑点的梁，不论荷载作用于何处 |
|---|---|---|---|
| | 荷载作用在上翼缘 | 荷载作用在上翼缘 | |
| Q235 | 13.0 | 20.0 | 16.0 |
| Q345 | 10.5 | 16.5 | 13.0 |
| Q390 | 10.0 | 15.5 | 12.5 |
| Q420 | 9.5 | 15.0 | 12.0 |

注：其他标号的梁不需要计算整体稳定性的最大 $l/b$ 值，应取 Q235 钢的数值乘以 $\sqrt{235/f_y}$。跨中无侧向支撑点的梁，$l$ 为其跨度；跨中有侧向支撑点的梁，$l$ 为受压翼缘侧向支撑点间的距离。

**2. 局部稳定**

主梁、分配梁局部稳定可按现行 GB 50017—2017《钢结构设计标准》的公式进行计算。

### 8.4.5　墩柱、桥台及基础验算

动荷载处于梁端处为结构向下传递最大荷载，包括桥面系、分配梁、承重梁、墩柱自重传递的荷载，以及考虑行车冲击的车辆荷载和施工荷载。墩柱形式主要有：军用墩、钢管

柱、混凝土立柱或桥台。

基础形式:可采用扩大基础、钻孔桩基础等。具体配合实际计算得出桩基础类型。

**1. 钢管柱承载力计算**

$$I_y = I_z = \frac{\pi}{64}(D^4 - d^4) \tag{8.17}$$

$$A = \pi \left[ \left(\frac{D}{2}\right)^2 - \left(\frac{d}{2}\right)^2 \right] \tag{8.18}$$

$$i = \sqrt{\frac{I}{A}} \tag{8.19}$$

$$l_x = l_y \tag{8.20}$$

$$\lambda = \frac{l_0}{i} < [150]$$

查 GB 50017—2017《钢结构设计标准》,圆型钢管 $x$、$y$ 轴均属于 A 类。若 $\frac{N}{\phi A} < f$($f$ 为钢材的抗压强度设计值),则验证上式是否满足承载力要求得到钢管柱承载力。

墩柱承载力计算时,需要考虑汽车荷载对支座的冲击力。

**2. 钻孔桩基础承载力容许值**

参照 JTG D63—2007《公路桥涵地基与基础设计规范》。

# 第9章 钢栈桥的典型工程实例

## 9.1 概述

钢栈桥作为施工过程中广泛应用的临时结构,其设计和计算是从事市政桥梁工程的施工人员必须掌握的技能,且由于栈桥的施工成本较为高昂,因此,平衡好其经济性与安全性对控制施工成本具有重要作用。一般施工钢栈桥的设计和计算需要验算多种工况下结构的安全与使用性能,并形成完整的计算书。本章选取应用于水体和陆地的两项典型工程中的钢栈桥设计案例,详述其完整计算过程以供设计施工人员参考。

## 9.2 工程实例1:某公铁两用大桥裸岩区栈桥设计

### 9.2.1 工程概况

**1. 工程简介**

某公铁两用大桥 B0~B58 墩跨越水道,全长 3 712 m,其公铁主跨均采用 92 m+2×168 m+92 m 预应力混凝土连续刚构,其余孔跨铁路为 64 m 及 40 m 简支箱梁,公路左右幅各 5 联连续箱梁,孔跨与铁路简支梁跨度相对应。全桥共设置 59 个墩,其中,B0、B1、B57、B58 位于陆地上,B2~B25 及 B56(共 25 个墩)位于浅水区,B26~B55 墩位于深水区(共 30 个墩),B42~B55 为深水区浅/无覆盖层。

**2. 地质条件**

桥址区的岩土层按其成因分类主要有:第四系坡积层($Q_4^{dl}$)块石土,第四系全新统冲海积层($Q_4^{al+m}$)淤泥质黏土、粉质黏土、细沙、粗沙、砾沙、块石土等土层,第四系残坡积层($Q^{el+dl}$)粉质黏土夹碎石,白垩系下统石帽山组($K_1^{sh}$)凝灰岩,燕山晚期($\gamma_5^8$)花岗岩。

根据各岩土层物理力学性质,结合岩土试验、现场标准贯入试验的统计分析结果,按当时的标准 TB 10002.5—2005《铁路桥涵地基和基础设计规范》以及福建省地方标准 DBJ 13-07—91《建筑地基基础勘察设计规范》综合确定各岩土层的设计参数。

**3. 栈桥结构**

深水区 B42~B55 墩栈桥设于桥位左侧,栈桥中心至桥中心线距离为 30 m,为增强栈桥的横向稳定性,设计将栈桥桩和钻孔平台桩相连。栈桥钢管桩与平台支栈桥钢管桩布置对应,栈桥跨度最大采用 28 m,采用(8+28/24)m 的孔跨布置,4 根钢管桩横向侧向布置均为 8 m,钢管桩选用 $\phi 1\,800$ mm×20 mm、$\phi 1\,420$ mm×16 mm 管桩。钢管桩采用钢筋混凝土灌注桩锚固,确保台风期间栈桥基础的稳定性。

施工栈桥采用钢管桩基础作为支撑体系,钢管桩之间采用 $\phi 630$ mm×10 mm 连接成整体,桩顶设置双拼 H900 mm×300 mm 型钢作为横梁,横梁上布置的新型组合杆件作为承重主梁,横向布置12片,间距为 3×0.45+5×0.9+3×0.45=7.2(m),为增强栈桥的横向稳定性,设计将栈桥桩和平台相连。桥面采用 C40 钢筋混凝土桥面板,尺寸为 (8×2×0.2)m,水管、泵管不设置在桥面板上,通过在桥面板一侧焊接悬臂型钢,将水管、泵管布置于栏杆外侧的悬臂型钢上。本书主要以深水区跨度为 28 m 跨部分进行计算说明,具体布置如图 9.1 所示。

### 9.2.2 计算依据及设计方法

**1. 计算依据**

(1)TB 10091—2007《铁路桥梁钢结构设计规范》。
(2)JTS 144-1—2010《港口工程荷载规范》。
(3)JTS 152—2012《水运工程钢结构设计规范》。
(4)TB 10002—2017《铁路桥涵设计规范》。
(5)JTS 145—2015《港口与航道水文规范》。
(6)GB 50017—2017《钢结构设计标准》。
(7)JTS 147—2017《水运工程地基设计规范》。
(8)JTS 167—2018《码头结构设计规范》。

**2. 设计方法**

栈桥结构采用以概率理论为基础的极限状态设计法,用分项系数的设计表达式进行设计。栈桥结构材料选用和设计强度取值见表9.1和表9.2。

表 9.1 主梁材料参数表

| 材料型号 | 弹性模量/MPa | 密度/(kg·m$^{-3}$) | 线膨胀系数 | 设计值/MPa | | |
|---|---|---|---|---|---|---|
| | | | | 抗拉、抗压和抗弯 $f$ | 抗剪 $f_v$ | 端面承压 $f_{ce}$ |
| Q235 钢材 | 206×10$^3$ | 7 850 | 12×8$^{-6}$ | 215 | 125 | 325 |
| Q345 钢材 | | | | 310 | 180 | 400 |

表 9.2 新型组合杆件容许内力

| 杆件名 | 材料 | 断面形式 | 理论容许承载值/kN |
|---|---|---|---|
| 弦杆 | Q345 | ][14a | 734 |
| 竖杆 | Q345 | 方钢管 80 mm×80 mm×5 mm | 327 |
| 加强竖杆 | Q345 | 方钢管 80 mm×80 mm×8 mm | 494 |
| 斜杆 | Q345 | 方钢管 80 mm×80 mm×5 mm | 343 |

### 9.2.3 荷载取值

**1. 荷载分析**

(1)结构自重:按实际自重取值;钢管尺寸:1 800 mm×20 mm。

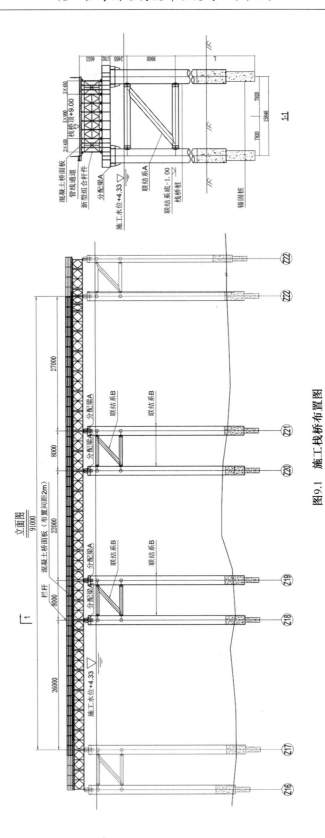

图9.1 施工栈桥布置图

(2)汽车荷载:10 m³ 混凝土罐车行驶及双向错车;车辆限速 10 km/h,不计冲击作用;10 m³ 混凝土罐车荷载,总重 500 kN。汽车荷载布置示意图如图9.2所示。

(3)150 t 履带吊行驶、吊重:150 t 履带吊荷载,自重 1 690 kN。150 t 履带布置示意图如图9.3所示。

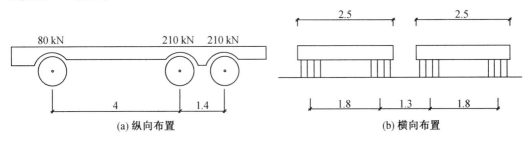

图9.2 汽车荷载布置示意图(单位:m)

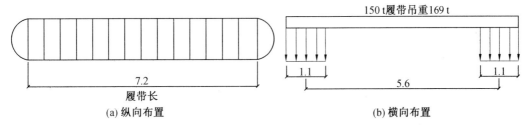

图9.3 150 t 履带布置示意图(单位:m)

(4)管线及附加荷载:2.0 kN/m。

(5)行人荷载:2.0 kN/m²。

(6)风荷载:作用于新型组合杆件上部桁架上。根据JTS 144-1—2010《港口工程荷载规范》,以下列公式计算:

$$\omega_k = \mu_s \mu_z \frac{1}{1\,600} V^2 \tag{9.1}$$

式中 $\mu_s$——风荷载体型系数,桁架风荷载体型系数 $\mu_s = 0.72$;

$\mu_z$——风压高度变化系数 $\mu_z = 1.17$。

8 级风时,有

$$\omega_k = \mu_s \mu_z \frac{1}{1\,600} V^2 = 0.72 \times 1.17 \times \frac{20.7^2}{1\,600} = 0.226 (\text{kPa})$$

14 级风时,有

$$\omega_k = \mu_s \mu_z \frac{1}{1\,600} V^2 = 0.72 \times 1.17 \times \frac{45.8^2}{1\,600} = 1.1 (\text{kPa})$$

(7)水流力。

根据JTS 144-1—2010《港口工程荷载规范》水流力作用于港口工程结构上的水流力标准值,作用于结构上的水流力按下式计算:

$$F_w = C_w \frac{\rho}{2} v^2 A \tag{9.2}$$

式中 $F_w$——水流力标准值,kN;

$v$——水流设计速度,m/s;

$C_w$——水流阻力系数,栈桥桩断面为圆形断面时,$C_w=0.73$;

$\rho$——水的密度,淡水取 1 t/m³,海水取 1.025 t/m³;

$A$——计算构件与水流方向垂直平面上的投影面积,m²。

(8)波浪力。

根据 JTS 145—2015《港口与航道水文规范》,按以下公式计算波浪力:

$$P_{\text{Imax}} = C_M \frac{\gamma A H}{2} K_2 \tag{9.3}$$

式中 $C_M$——惯性力系数,对于圆形断面取 2.0;

$\gamma$——水的重度,海水取 10.25 kN/m³;

$A$——柱体的断面积,m²;

$H$——建筑物所在处进行波波高;

$K_2$——系数。

**2. 荷载组合**

施工栈桥工作状态中主要以 10 m³ 混凝土罐车、150 t 履带吊行走为主要控制荷载,计算按以下三种工况组合进行验算。

工况一组合:8 级风状态下 10 m³ 混凝土罐车+结构自重+人行荷载+管道荷载+风载+水流力+波浪力。

工况二组合:8 级风状态下 150 t 履带吊行走+结构自重+人行荷载+管道荷载+风载+水流力+波浪力。

工况三组合:14 级风状态下结构自重+管道荷载+风载+水流力+波浪力。

### 9.2.4 结构计算

施工栈桥计算采用 Midas Civil 有限元分析软件进行,建立栈桥结构整体模型。钢管桩、横梁、贝雷梁、分配梁采用梁单元,桥面板采用板单元建模,桩底固结,其他采用刚性/弹性连接。

**1. 工况一**

工况一组合:8 级风状态下 10 m³ 混凝土罐车+结构自重+人行荷载+管道荷载+风载+水流力+波浪力。其中,10 m³ 混凝土罐车行走跨中时最不利,其加载图如图 9.4 所示。

计算结果如图 9.5 所示,图中表明:主弦杆最大轴力为 337 kN<734 kN,满足要求,最大变形为 27.5 mm;斜杆、竖杆最大轴力为 159 kN<327 kN,满足要求;横梁最大应力为 59.1 MPa<215 MPa,满足要求,横梁变形最大位移为 7.2 mm;钢管桩体系最大应力为 86.9 MPa<215 MPa,满足要求,压缩变形最大位移为 3.5 mm,桩顶位移为 108.7 mm;C40 混凝土桥面板最大压应力为 9.8 MPa<18.4 MPa,满足要求。

# 第9章 钢栈桥的典型工程实例

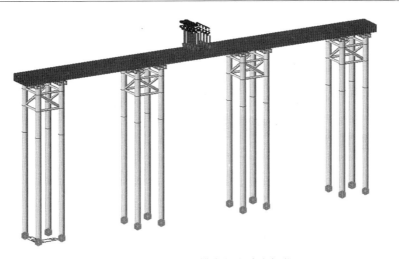

图 9.4 10 m³ 混凝土罐车行走跨中加载图

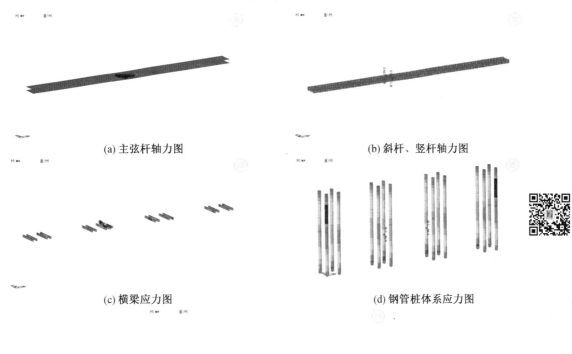

(a) 主弦杆轴力图　　　　　(b) 斜杆、竖杆轴力图

(c) 横梁应力图　　　　　　(d) 钢管桩体系应力图

(e) 桥面板应力图

图 9.5 工况一情况下钢栈桥结构计算结果

## 2. 工况二

工况二组合：8级风状态下150 t履带吊行走＋结构自重＋人行荷载＋管道荷载＋风载＋水流力＋波浪力。其中，150 t履带吊行走跨中时最不利，其加载图如图9.6所示。

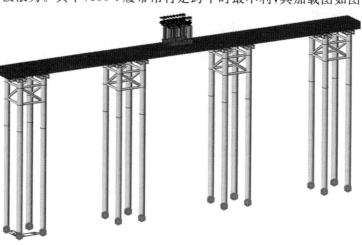

图9.6 150 t履带吊行走跨中加载图

计算结果如图9.7所示，图中表明：主弦杆最大轴力为485.6 kN＜734 kN，满足要求，最大变形为38.3 mm；斜杆、竖杆最大轴力为211 kN＜327 kN，满足要求；横梁最大应力为77.6 MPa＜215 MPa，满足要求，横梁变形最大位移为9.2 mm；钢管桩体系最大应力为89.6 MPa＜215 MPa，满足要求，压缩变形最大位移为4.1 mm，桩顶位移为108.6 mm；C40混凝土桥面板最大压应力为13.2 MPa＜18.4 MPa，满足要求。

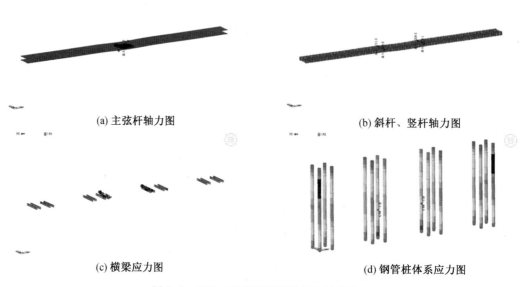

(a) 主弦杆轴力图　　　　　　　　　(b) 斜杆、竖杆轴力图

(c) 横梁应力图　　　　　　　　　(d) 钢管桩体系应力图

图9.7 工况二情况下钢栈桥结构计算结果

(e) 桥面板应力图

续图 9.7

### 3. 工况三

工况三组合:14 级风状态下结构自重+管道荷载+风载+水流力+波浪力。

计算结果如图 9.8 所示,图中表明:主弦杆最大轴力为 113.3 kN<734 kN,满足要求,最大变形为 12.1 mm;斜杆、竖杆最大轴力为 87.2 kN<327 kN,满足要求;横梁最大应力为 32.9 MPa<215 MPa,满足要求,横梁变形最大位移为 4.5 mm;钢管桩体系最大应力为 158.4 MPa<215 MPa,满足要求,压缩变形最大位移为 3.5 mm,桩顶位移为 223 mm;C40 混凝土桥面板最大压应力为 4.5 MPa<18.4 MPa,满足要求。

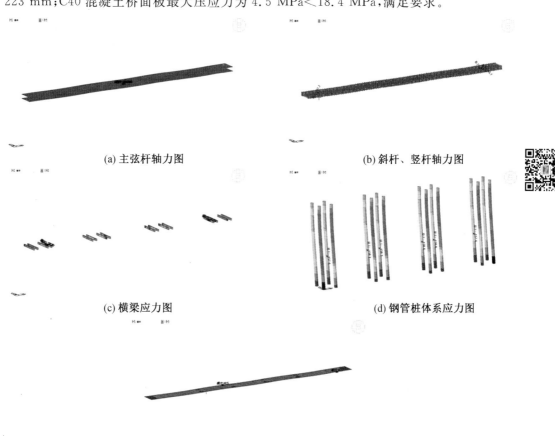

(a) 主弦杆轴力图　　　(b) 斜杆、竖杆轴力图

(c) 横梁应力图　　　(d) 钢管桩体系应力图

(e) 桥面板应力图

图 9.8　工况三情况下钢栈桥结构计算结果

计算结果一览表见表9.3。

表 9.3 计算结果一览表

| 项目<br>工况 | 新型组合杆件内力/kN | | 应力/MPa | | | 变形/mm | | |
|---|---|---|---|---|---|---|---|---|
| | 主弦杆 | 竖杆、斜杆 | 钢管桩 | 横梁 | 桥面板 | 组合杆件 | 横梁 | 桩顶位移 |
| 工况一 | 337 | 159 | 86.9 | 59.1 | 9.8 | 27.5 | 7.2 | 108.7 |
| 工况二 | 485.6 | 211 | 89.6 | 77.6 | 13.2 | 38.3 | 9.2 | 108.6 |
| 工况三 | 113.3 | 87.2 | 158.4 | 32.9 | 4.5 | 12.1 | 4.5 | 223 |
| 允许值 | 734 | 343/327 | 215 | 215 | 18.4 | 65 | 20 | 115 |

注：14级风状态下，钢管桩主要受应力控制，不受桩顶位移控制。

## 9.3 工程实例2：某涉铁桥梁12♯～15♯墩栈桥设计

### 9.3.1 工程概况

**1. 工程简介**

某涉铁桥梁主线双向6车道，辅道双向4～8车道，道路长度约1.75 km；主体结构方案设计范围为涉铁段桥梁主线、辅道、人行天桥部分，主线及辅道分左右4幅，主线左右幅桥梁单幅全长约793.5 m，辅道左幅桥梁全长约761.127 m，辅道右幅桥梁全长约783 m。主要跨越铁路、公路、地铁，铁路红线范围主线左右幅、辅道左右幅合计582 m。人行天桥分人行天桥B、人行天桥C，人行天桥B全长约165 m，人行天桥C全长约103.857 m，人行天桥B主要跨越环城路、地铁13号线，铁路红线范围合计142 m，人行天桥C主要跨越环城路、地铁13号线。本次配合高铁实施建设，主线桥约582 m，同步实施，跨铁路范围主线桥目前采用主线双向6车道。

**2. 地质条件**

根据初勘资料，勘察深度范围内场地地基土沉积时代及成因类型自上而下依次为：人工填土层（$Q^{ml}$）、第四系冲洪积层（$Q^{al+pl}$）及燕山期侵入岩（$K_{13}^{a\eta\gamma}$）等组成，现对土层自上而下分述如下：

$Q^{ml}$素填土：黄褐色、红褐色、灰褐色、灰黄色等杂色，稍湿～湿，未压实，主要由黏性土等组成，含少量碎石，主要系修建旧厂房、厂区时人工堆填而成，回填时间为5～10年，已完成自重固结。层厚为2.20～10.00 m，层面标高为2.20～10.00 m，场地广泛分布。

$Q^{al+pl}$黏土：灰黄色、深灰色、灰白色、黄褐色、红褐色，可塑状为主，局部硬塑状或软塑状，土质较均匀，无摇震反应，切面稍光泽，干强度及韧性中等。局部含粉细沙。层厚为1.20～12.40 m，层面标高为3.50～18.50 m，场地广泛分布。

花岗岩（$\gamma$）：褐黄色、红褐色、灰褐色，岩石风化极其强烈，岩芯呈土柱状，岩石结构大多不清晰，斜长石、云母及矿物基本完全风化为高岭土及黏性等，石英颗粒分布不均，遇水易软化。岩石坚硬程度为极软岩，岩体完整程度为极破碎。层厚为1.50～14.20 m，层面标高为 15.10～35.50 m,建议该层地基承载力容许值$[f_{a0}]=400$ kPa,岩土施工工程分级为Ⅴ级。

**3. 栈桥结构**

12♯～15♯墩栈桥主要采用 12 m 跨度,靠近 12♯墩侧设置两组双排桩,其余为单排桩。栈桥横断面宽度为 13.5 m,布置 30 片贝雷梁,贝雷梁间通过竖向和水平支撑架连接成整体,桥台为钢筋混凝土桥台。由下向上分别为混凝土桩(混凝土桩+钢管桩+连接系)+分配梁+贝雷梁+桥面板等。混凝土桩采用$\phi$1 000 mm 规格,钢管桩采用 $\phi$720 mm× 10 mm 钢管,分配梁采用双拼 HN700 mm×300 mm 型钢,贝雷梁为 3 m 标准节段,桥面板由 10 mm 厚花纹钢板、U 型钢肋板横梁组成。其布置如图 9.9 所示。

### 9.3.2 计算依据及设计方法

**1. 计算依据**

(1)JTG D64—2015《公路钢结构桥梁设计规范》。
(2)JTG/T 3360-01—2018《公路桥梁抗风设计规范》。
(3)JTG D60—2015《公路桥涵设计通用规范》。
(4)JTG 3363—2019《公路桥涵地基与基础设计规范》。
(5)GB 50009—2012《建筑结构荷载规范》。
(6)JTS 144-1—2010《港口工程荷载规范》。
(7)JTS 167—2018《码头结构设计规范》。
(8)CJJ 11—2011《城市桥梁设计规范》。
(9)GB 50017—2017《钢结构设计标准》。
(10)《装配式公路钢桥多用途使用手册》。

**2. 设计方法**

栈桥结构采用以概率理论为基础的极限状态设计法,用分项系数的设计表达式进行设计。其中,栈桥结构选用 321 型贝雷片,主梁材料参数表见表 9.4。

表 9.4 主梁材料参数表

| 材料型号 | 弹性模量/MPa | 密度/(kg·m$^{-3}$) | 线膨胀系数/℃$^{-1}$ | 设计值/MPa | | |
|---|---|---|---|---|---|---|
| | | | | 抗拉、抗压和抗弯 $f$ | 抗剪 $f_v$ | 端面承压 $f_{ce}$ |
| Q235 钢材 | 206×10$^3$ | 7 850 | 12×8$^{-6}$ | 215 | 125 | 325 |
| Q345 钢材 | | | | 310 | 180 | 400 |

### 9.3.3 荷载取值

**1. 荷载分析**

(1)结构自重。

结构自重由程序自动计入。模型中结构自重乘以系数 1.1,以保证模型中结构自重与实际结构自重相符。

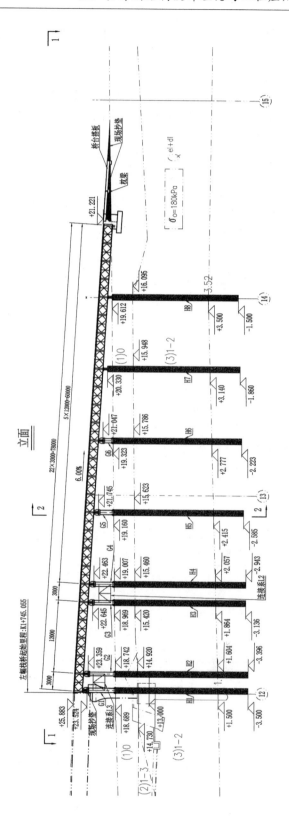

(a) 立面布置图

图9.9 栈桥结构布置示意图

# 第9章 钢栈桥的典型工程实例

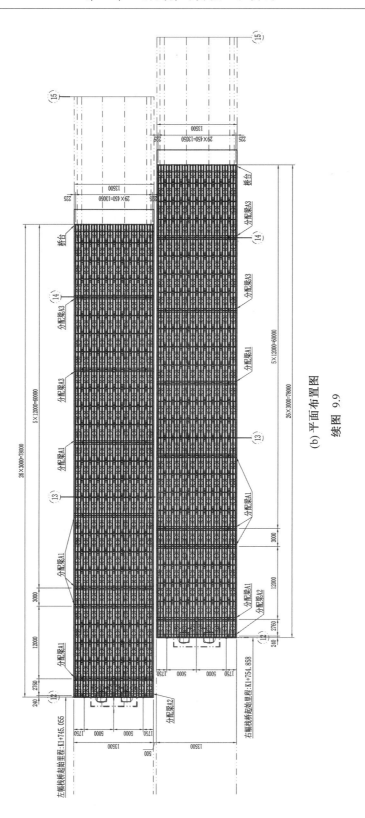

(b) 平面布置图

续图 9.9

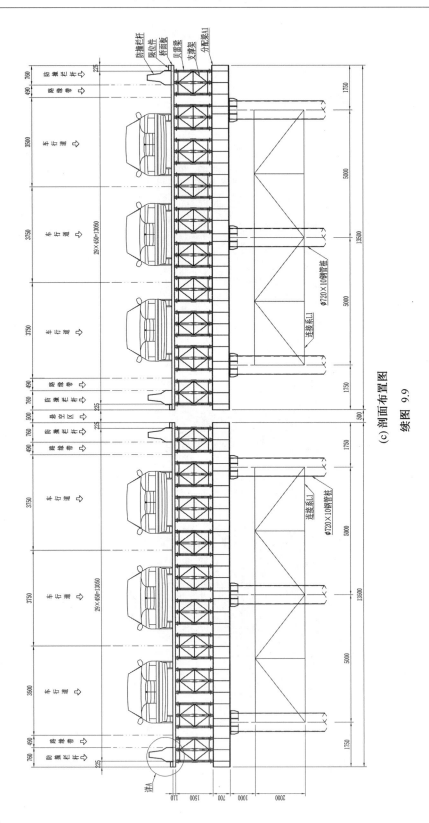

续图 9.9 (c) 剖面布置图

# 第9章 钢栈桥的典型工程实例

（2）基本可变荷载。

城市 A 级车辆荷载布置应符合表 9.5 规定,其布置形式如图 9.10 所示,其主要技术指标见表 9.6。

表 9.5 城市 A 级车辆荷载主要技术指标

| 车轴编号 | 1 | 2 | 3 | 4 | 5 |
|---|---|---|---|---|---|
| 轴重/kN | 60 | 140 | 140 | 200 | 160 |
| 轮重/kN | 30 | 70 | 70 | 100 | 80 |
| 总重/kN | 700 | 700 | 700 | 700 | 700 |

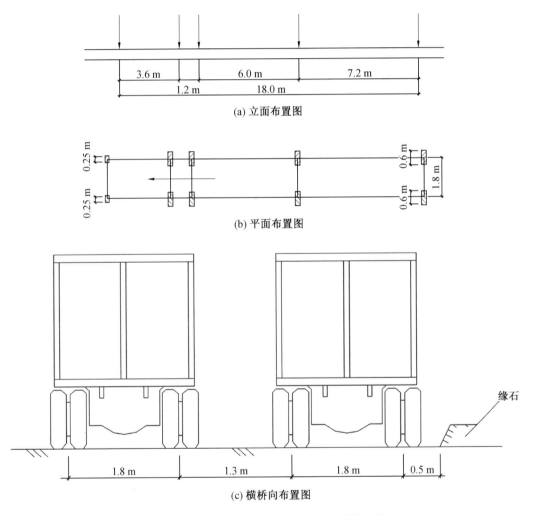

图 9.10 城市 A 级车辆荷载立面、平面、横桥向布置

表 9.6 城市 A 级荷载的主要技术指标

| 车轴编号 | 1 | 2 | 3 | 4 | 5 |
|---|---|---|---|---|---|
| 轴重/kN | 60 | 140 | 140 | 200 | 160 |
| 轮重/kN | 30 | 70 | 70 | 100 | 80 |
| 每组车轮的横向中距/m | 1.8 | 1.8 | 1.8 | 1.8 | 1.8 |
| 车轮着地的宽度×长度/(m×m) | 0.25×0.25 | 0.6×0.25 | 0.6×0.25 | 0.6×0.25 | 0.6×0.25 |

城市 B 级车辆荷载参照公路 I 级标准车辆荷载布置,其布置形式如图 9.11 所示,其主要技术指标见表 9.7。

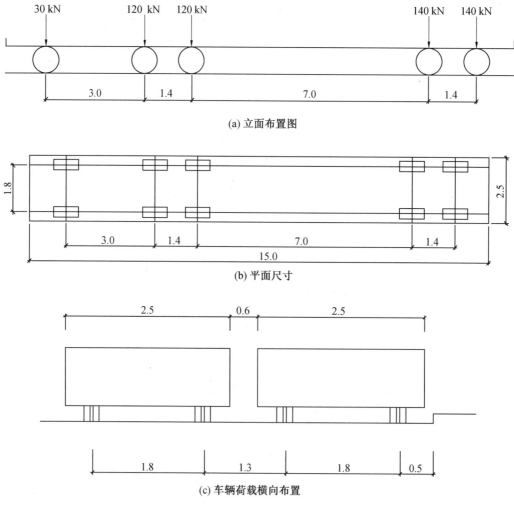

(a) 立面布置图

(b) 平面尺寸

(c) 车辆荷载横向布置

图 9.11 车辆荷载的立面、平面、横向布置图(单位:m)

表 9.7 公路Ⅰ级车辆荷载的主要技术指标

| 项目 | 单位 | 技术指标 | 项目 | 单位 | 技术指标 |
|---|---|---|---|---|---|
| 车辆重力标准值 | kN | 550 | 轮距 | m | 1.8 |
| 前轴重力标准值 | kN | 30 | 前轮着地宽度及长度 | m×m | 0.3×0.2 |
| 中轴重力标准值 | kN | 2×120 | 中、后轮着地宽度及长度 | m×m | 0.6×0.2 |
| 后轴重力标准值 | kN | 2×140 | 车辆外形尺寸(长×宽) | m×m | 15×2.5 |
| 轴距 | m | 3+1.4+7+1.4 | | | |

(3)其他可变荷载。

风荷载:根据 JTG/T 3360-01—2018《公路桥梁抗风设计规范》,栈桥的抗风设计按 W1 风作用水平和 W2 风作用水平确定,对应的基本风速取值为:W1 取广州重现期 10 年的设计风速,即 27.9 m/s,此风速对应正常使用极限状态,风荷载与车辆荷载等组合;W2 取广州重现期 100 年的设计风速,即 32.2 m/s,此风速对应承载力极限状态,风荷载不与车辆荷载等组合。

$$U_d = K_f K_t K_h U_{10} \tag{9.4}$$

式中 $U_d$——基准高度处的设计基准风速,m/s;
$K_f$——抗风风险系数;
$K_t$——地形条件系数;
$K_h$——地表类别转换及风速高度修正系数;
$U_{10}$——基本风速。

$$U_g = G_V U_d \tag{9.5}$$

式中 $U_g$——构件基准高度上的等效静阵风速,m/s;
$G_V$——静阵风系数。

$$F_g = \frac{1}{2}\rho U_g^2 C_H D \tag{9.6}$$

式中 $F_g$——作用在主梁单位长度上的顺风向等效静阵风荷载,N/m;
$\rho$——空气密度,取为 1.25 kg/m³;
$C_H$——主梁横向力系数;
$D$——为主梁投影高度,m。

将与 W1 风作用水平和 W2 风作用水平对应的基本风速值代入,可得出主梁所受风荷载。相关参数取值可汇总见表 9.8。

表 9.8 主梁所受风荷载及相关参数

| 风作用水平 | 风作用对象 | $K_f$ | $K_t$ | $K_h$ | $U_{10}$/(m·s⁻¹) | $G_V$ | $C_H$ | $D$/m | $F_g$/(N·m⁻¹) |
|---|---|---|---|---|---|---|---|---|---|
| W1 | 主梁 | 1.0 | 1.0 | 1.23 | 27.9 | 1.26 | 1.105 | 1.61 | 2 079 |
| W2 | 主梁 | 1.0 | 1.0 | 1.23 | 32.2 | 1.26 | 1.105 | 1.61 | 2 769 |

**2. 荷载组合**

因本栈桥仅需考虑城市 A 级荷载或公路 I 级标准车辆正常通行，故栈桥结构设计可细分为三种工况，具体见表 9.9。

表 9.9 栈桥各状态下的计算工况

| 设计状态 | 工况 | 荷载组合 | | |
|---|---|---|---|---|
| | | 恒载 | 基本可变荷载 | 其他可变 |
| 正常工作极限状态 | I | 结构自重 | 公路 I 级标准车辆走行 | 十年一遇风荷载 |
| 正常工作极限状态 | II | 结构自重 | 城市 A 级荷载走行 | 十年一遇风荷载 |
| 承载力极限状态 | III | 结构自重 | — | 百年一遇风荷载 |

在工况 I 状态下，栈桥可正常使用，考虑公路 I 级标准车辆前后及并排走行及工作最大风荷载；在工况 II 状态下，栈桥可正常使用，考虑城市 A 级车辆并排走行及工作最大风荷载；在工况 III 状态下，栈桥面临恶劣的天气状态，不允许通行车辆与桥梁施工作业，仅承受结构自重与对应状态的其他可变作用的组合。

### 9.3.4 结构计算

**1. 桥面板计算**

钢桥面板由面板、横梁组成。其中，面板为 10 mm 厚花纹钢板，横梁为 U 型钢肋板。两块钢桥面板组拼如图 9.12 所示，计算钢桥面板时，钢桥面板最大跨度为 0.22 m。采用 Midas Civil 对钢桥面板进行应力分析。钢桥面板模型如图 9.13 所示。

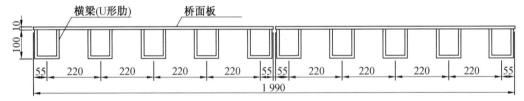

图 9.12 钢桥面板图(单位:mm)

图 9.13 钢桥面板模型

55 t 重载汽车的单侧后轮受荷载为 70.0 kN，轮压面积为 0.6 m×0.2 m，接触面轮压为 583 kPa。其余轮压与之相比较小，不予计算。根据轮子作用于两 U 型钢中间段(图 9.14)，或 U 型钢顶(图 9.15)，两种情况分别计算桥面板的受力情况。

根据计算结果知，当后轮作用作用于两 U 型钢中间段时，桥面板最不利，其应力计算结果如图 9.16 所示；当后轮作用于 U 型钢顶时，U 型钢最不利，其应力结果如图 9.17 所示。两种工况最大位移结果如图 9.18 所示。

# 第 9 章 钢栈桥的典型工程实例

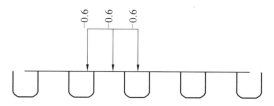

图 9.14 轮子作用于 U 型钢中间段加载模型

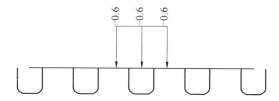

图 9.15 轮子作用于 U 型钢顶加载模型

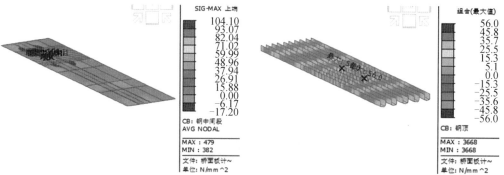

图 9.16 桥面板应力图　　　　　图 9.17 U 型钢应力图

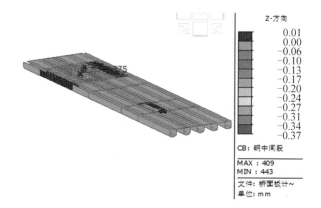

图 9.18 钢桥面板位移图

经计算整理,桥面板受力及位移均满足要求。其最大受力情况见表9.10。

表9.10 各荷载工况下桥面板最大应力及位移表

| 10 mm 厚面板/MPa | U 形肋/MPa | [σ]/MPa | 位移/mm | 容许位移/mm |
|---|---|---|---|---|
| 104.1 | 56 | 140.0 | 0.37 | 220/400＝0.55 |

**2. 贝雷梁计算**

建立贝雷梁空间计算模型,风荷载等效于均布荷载施加在每片组合式桁架的上弦杆之上。计算模型如图9.19所示。

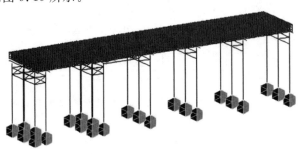

图9.19 栈桥计算模型

(1)工况Ⅰ计算。

工况Ⅰ组合:结构自重＋公路Ⅰ级车辆荷载＋风载。

考虑55 t汽车布置时的最不利工况,2辆55 t重载汽车纵桥向布置于栈桥的跨中,主要用于计算贝雷片的弦杆内力;2辆55 t重载汽车纵桥向布置于墩顶,主要用于计算立柱和贝雷片的竖杆及斜杆受力。每辆55 t重载汽车轴压按照集中荷载考虑分别为

$$P_1=30/2=15(\text{kN}), \quad P_2=120/2=60(\text{kN}), \quad P_3=140/2=70(\text{kN})$$

根据公路一级标准车重轮站位在跨中、墩顶两种情况,具体加载位置如图9.20与图9.21所示。

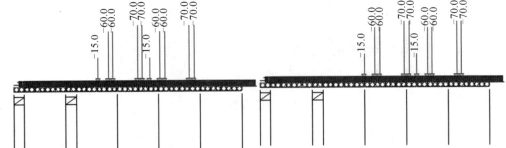

图9.20 跨中加载图示(单位:kN)　　图9.21 墩顶加载图示(单位:kN)

计算结果如图9.22~9.29所示,计算结果表明:弦杆最大轴力为104.8 kN＜[N]＝560 kN,竖杆最大轴力为111.3 kN＜[N]＝210 kN,斜杆最大轴力为67.7 kN＜[N]＝171.5 kN,贝雷梁变形为11.3 mm＜12 000/400＝30 mm,均满足要求。

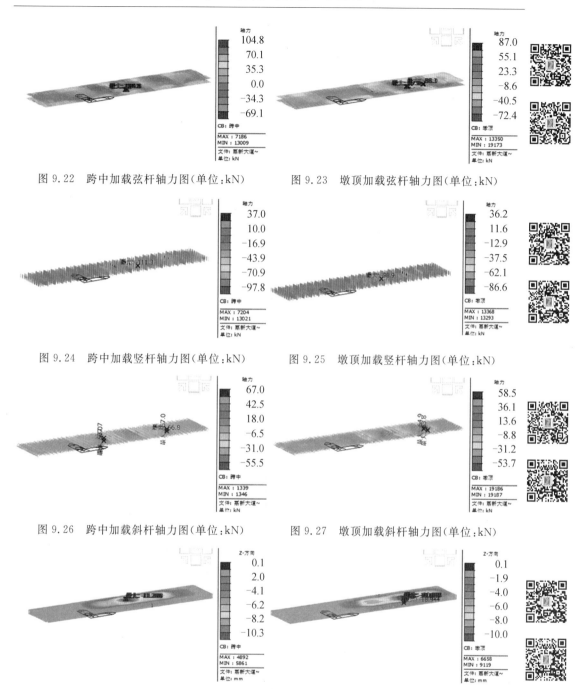

图 9.22 跨中加载弦杆轴力图(单位:kN)　　图 9.23 墩顶加载弦杆轴力图(单位:kN)

图 9.24 跨中加载竖杆轴力图(单位:kN)　　图 9.25 墩顶加载竖杆轴力图(单位:kN)

图 9.26 跨中加载斜杆轴力图(单位:kN)　　图 9.27 墩顶加载斜杆轴力图(单位:kN)

图 9.28 跨中加载贝雷梁变形图(单位:mm)　　图 9.29 墩顶加载贝雷梁变形图(单位:mm)

(2)工况Ⅱ计算。

考虑城市 A 级车辆布置时的最不利工况,城市 A 级车辆纵桥向布置于栈桥的跨中,主要用于计算贝雷片的弦杆内力;城市 A 级车辆纵桥向布置于墩顶,主要用于计算立柱和贝雷片的竖杆及斜杆受力。每辆城市 A 级车辆按照集中荷载考虑:$P_1=60/2=30(kN)$,$P_2=P_3=140/2=70(kN)$,$P_4=200/2=100(kN)$,$P_5=160/2=80(kN)$。根据城市 A 级车辆重轮站位在跨中、墩顶两种情况,具体加载位置如图 9.30 和图 9.31 所示。

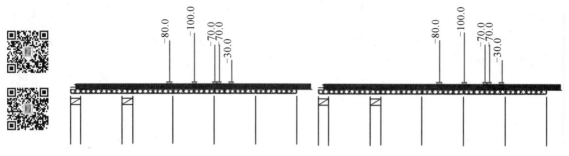

图 9.30 跨中加载图示(单位:kN)　　　　图 9.31 墩顶加载图示(单位:kN)

计算结果如图 9.32~9.39 所示,计算结果表明:弦杆最大轴力为 112.5 kN<[N]=560 kN,竖杆最大轴力为 99.8 kN<[N]=210 kN,斜杆最大轴力为 51.5 kN<[N]=171.5 kN,贝雷梁变形为 8.1 mm<12 000/400=30 mm,均满足要求。

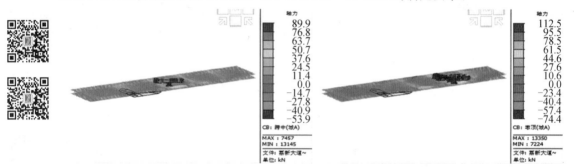

图 9.32 跨中加载弦杆轴力图(单位:kN)　　图 9.33 墩顶加载弦杆轴力图(单位:kN)

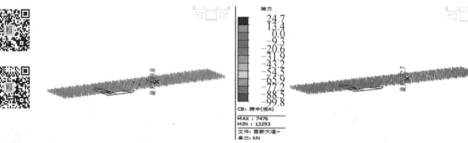

图 9.34 跨中加载竖杆轴力图(单位:kN)　　图 9.35 墩顶加载竖杆轴力图(单位:kN)

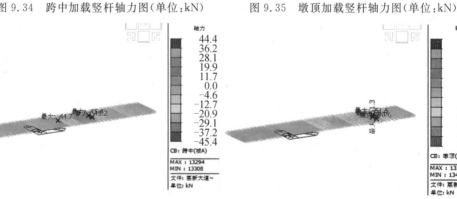

图 9.36 跨中加载斜杆轴力图(单位:kN)　　图 9.37 墩顶加载斜杆轴力图(单位:kN)

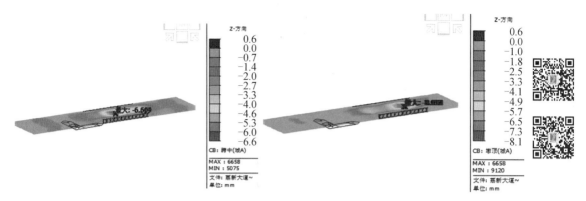

图 9.38　跨中加载贝雷梁变形图(单位:mm)　　图 9.39　墩顶加载贝雷梁变形图(单位:mm)

(3)工况Ⅲ计算。

工况Ⅲ组合:结构自重＋极端最大风载。加载位置如图 9.40 和图 9.41 所示。

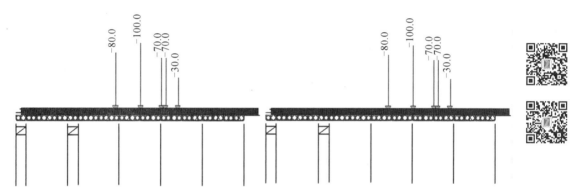

图 9.40　跨中加载图示(单位:kN)　　图 9.41　墩顶加载图示(单位:kN)

计算结果如图 9.42～9.45,计算结果表明:弦杆最大轴力为 15.6 kN＜$[N]$＝560 kN,竖杆最大轴力为 13.1 kN＜$[N]$＝210 kN,斜杆最大轴力为 7.7 kN＜$[N]$＝171.5 kN,贝雷梁变形为 1.8 mm＜12 000/400＝30 mm,均满足要求。

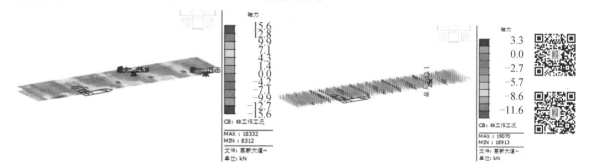

图 9.42　弦杆轴力图(单位:kN)　　图 9.43　竖杆轴力图(单位:kN)

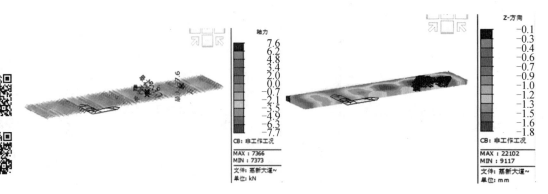

图 9.44 斜杆轴力图(单位:kN)　　　图 9.45 贝雷梁变形图(单位:mm)

工况Ⅰ及工况Ⅱ荷载组合下贝雷片最大受力结果见表 9.11。

表 9.11 贝雷片最大受力及位移表

| 杆件名 | 材料 | 截面形式 | 内力值/kN | 理论容许承载/kN | 位移值/mm | 位移值/mm |
| --- | --- | --- | --- | --- | --- | --- |
| 弦杆 | 16Mn | ][10 | 112.5 | 560 | | |
| 竖杆 | 16Mn | I8 | 111.3 | 210 | 11.3 | 12 000/400=30 |
| 斜杆 | 16Mn | I8 | 67.7 | 171.5 | | |

故栈桥主梁结构受力及变形均满足要求。

**3. 分配梁计算**

桩顶分配梁采用双拼 HN700 mm×300 mm,分配梁最不利工况为工况Ⅰ公路一级标准车重轮站位在跨中时,其正应力、剪应力及变形如图 9.46~9.48 所示。

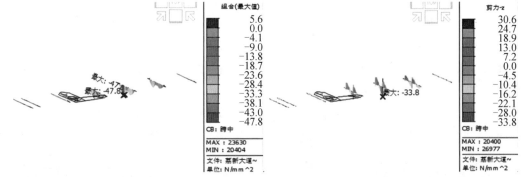

图 9.46 分配梁正应力图(单位:N/mm²)　　　图 9.47 分配梁剪应力图(单位:N/mm²)

计算结果表明:分配梁最大正应力为 47.8 MPa<[σ]=170 MPa,分配梁最大剪应力为 33.8 MPa<[τ]=100 MPa,分配梁最大变形为 6.9 mm<5 000/400=12.5 mm,均满足要求。

**4. 混凝土桩、钢管桩及连接系计算**

模型中,桩底为铰接,桩侧为弹性连接,节点弹性刚度采用 $m$ 法进行计算。桩侧主要为素填土或硬塑粉质黏土,根据 JTS 167-4—2012《港口工程桩基规范》,素填土层 $m$ 值取 0,硬塑粉质黏土层取 $m$=15 000 kPa/m²,花岗岩土层取 $m$=30 000 kPa/m²,桩的计算宽

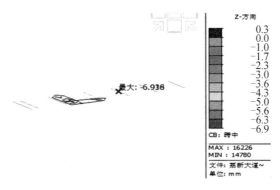

图 9.48　分配梁变形图(单位:N/mm²)

度 $b_0=0.9\times(1+1)=1.557(\mathrm{m})$。不同深度处土弹簧的水平地基抗力系数比例系数计算表见表 9.12。

表 9.12　水平地基抗力系数的比例系数计算表

| $m/(\mathrm{kN}\cdot\mathrm{m}^{-4})$ | 支撑点标高/m | $z$/m | 计算宽度 $b_0$/m | 单个支撑高度/m | $k/(\mathrm{kN}\cdot\mathrm{m}^{-1})$ |
|---|---|---|---|---|---|
| 15 000 | 13 | 0 | — | — | — |
| 15 000 | 12.75 | 0.25 | 1.8 | 0.5 | 3 375 |
| 15 000 | 12.25 | 0.75 | 1.8 | 0.5 | 10 125 |
| 15 000 | 11.75 | 1.25 | 1.8 | 0.5 | 16 875 |
| 15 000 | 11.25 | 1.75 | 1.8 | 0.5 | 23 625 |
| 15 000 | 10.75 | 2.25 | 1.8 | 0.5 | 30 375 |
| 15 000 | 10.25 | 2.75 | 1.8 | 0.5 | 37 125 |
| 15 000 | 9.75 | 3.25 | 1.8 | 0.5 | 43 875 |
| 15 000 | 9.25 | 3.75 | 1.8 | 0.5 | 50 625 |
| 15 000 | 8.75 | 4.25 | 1.8 | 0.5 | 57 375 |
| 15 000 | 8.25 | 4.75 | 1.8 | 0.5 | 64 125 |
| 15 000 | 7.75 | 5.25 | 1.8 | 0.5 | 70 875 |
| 15 000 | 7.25 | 5.75 | 1.8 | 0.5 | 77 625 |
| 15 000 | 6.75 | 6.25 | 1.8 | 0.5 | 84 375 |
| 15 000 | 6.25 | 6.75 | 1.8 | 0.5 | 91 125 |
| 15 000 | 5.75 | 7.25 | 1.8 | 0.5 | 97 875 |
| 15 000 | 5.25 | 7.75 | 1.8 | 0.5 | 104 625 |
| 15 000 | 4.75 | 8.25 | 1.8 | 0.5 | 111 375 |
| 15 000 | 4.25 | 8.75 | 1.8 | 0.5 | 118 125 |
| 15 000 | 3.75 | 9.25 | 1.8 | 0.5 | 124 875 |

续表9.12

| $m/(kN \cdot m^{-4})$ | 支撑点标高/m | $z/m$ | 计算宽度 $b_0$/m | 单个支撑高度/m | $k/(kN \cdot m^{-1})$ |
|---|---|---|---|---|---|
| 15 000 | 3.25 | 9.75 | 1.8 | 0.5 | 131 625 |
| 15 000 | 2.75 | 10.25 | 1.8 | 0.5 | 138 375 |
| 15 000 | 2.25 | 10.75 | 1.8 | 0.5 | 145 125 |
| 15 000 | 1.75 | 11.25 | 1.8 | 0.5 | 151 875 |
| 15 000 | 1.25 | 11.75 | 1.8 | 0.5 | 158 625 |
| 15 000 | 0.75 | 12.25 | 1.8 | 0.5 | 165 375 |
| 15 000 | 0.25 | 12.75 | 1.8 | 0.5 | 172 125 |
| 15 000 | −0.25 | 13.25 | 1.8 | 0.5 | 178 875 |
| 15 000 | −0.75 | 13.75 | 1.8 | 0.5 | 185 625 |
| 15 000 | −1.25 | 14.25 | 1.8 | 0.5 | 192 375 |
| 30 000 | −1.75 | 14.75 | 1.8 | 0.5 | 398 250 |
| 30 000 | −2.25 | 15.25 | 1.8 | 0.5 | 411 750 |
| 30 000 | −2.75 | 15.75 | 1.8 | 0.5 | 425 250 |
| 30 000 | −3.25 | 16.25 | 1.8 | 0.5 | 438 750 |
| 30 000 | −3.5 | 16.5 | — | — | — |

(1)混凝土桩承载力、桩身强度和稳定性计算。

取各工况包络图(图9.49),计算表明,混凝土桩底最大反力为1 563 kN。

栈桥范围主要覆盖层为素填土(厚度为3.5～6.1 m),硬塑粉质黏土(厚度为10.3～13.5 m)及花岗岩。以靠近左幅12♯墩的钢管桩为例,桩顶标高为+23.516 m;素填土底高程为+14.731 m,基本承载力取0 kPa;粉质黏土厚度为13.2 m,基本承载力取180 kPa;再往下依次为花岗岩土层,基本承载力取250 kPa。

施工混凝土桩时,桩端进入花岗岩地层深度不小于2倍桩径,即 $2 \times 1 = 2$ m,此处取2 m。又因现场反馈,靠近12♯墩的栈桥受铁路影响场地会进行整体降低地面标高至+13 m,粉质黏土底标高为+1.5 m,桩端考虑进入花岗岩地层深度5 m,如此桩底标高为−3.500 m,实际桩入土深度为16.5 m。粉质黏土层单桩极限侧摩阻力平均值取50 kPa;花岗岩土层单桩极限侧摩阻力平均值取160 kPa。

对于支撑在土层中的钻孔灌注桩,单桩轴向受压承载力特征值 $R_a$ 可按下列公式计算:

$$R_a = \frac{1}{2}u\sum_{i=1}^{n}q_{ik}l_i + A_p q_r \tag{9.7}$$

$$q_r = m_0 \lambda [f_{a0} + k_2 \gamma_2 (h-3)] \tag{9.8}$$

式中　$u$——桩身周长,m;

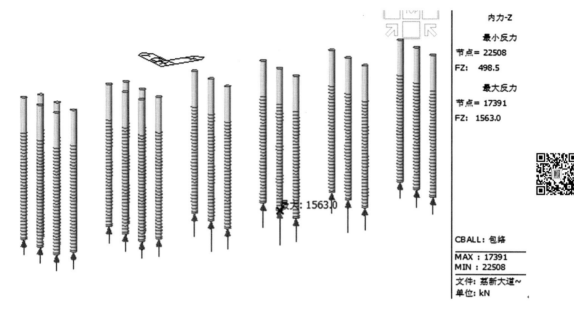

图 9.49 混凝土桩最大竖向反力(单位:kN)

$A_p$—— 桩端截面面积,$m^2$;

$q_{ik}$—— 第 $i$ 层土与桩侧的摩阻力标准值,kPa;

$l_i$—— 第 $i$ 层土的厚度,m;

$q_r$—— 修正后的桩端土承载力特征值,kPa;

$f_{a0}$—— 桩端土的承载力特征值,kPa;

$h$—— 桩端埋置深度,m;

$k_2$—— 承载力特征值的深度修正系数,取 1.5;

$\gamma_2$—— 桩端以上各土层的加权平均重度,取 17 $kN/m^3$;

$\lambda$—— 修正系数,取 0.65;

$m_0$—— 清底系数,取 0.85。

代入数据可得混凝土桩承载力为

$$R_a = \frac{1}{2} \times (\pi \times 1) \times 50 \times 11.5 + 160 \times 5 + (\pi \times 0.5^2) \times$$
$$[0.85 \times 0.65 \times 250 + 1.5 \times 17 \times (11.5 + 5 - 3)]$$
$$= 2\ 417.7(kN) > 1\ 563(kN)$$

因此,混凝土桩承载力满足要求。

取各工况包络图(图 9.50),计算表明,混凝土桩底最大组合应力为 2.1 MPa < 2.43 MPa,C40 混凝土满足要求。

(2)钢管桩承载力、桩身强度和稳定性计算。

取各工况包络图(图 9.51),计算表明,钢管桩最大轴力为 1 145 kN;最大弯矩为 46.1 kN·m。

混凝土的基本承载力取 C40 的容许压应力为 2.43 MPa,故钢管桩承载力:$Q_g = \pi \times 0.5^2 \times 2\ 430 = 1\ 908.5(kN) > 1\ 134.9(kN)$,钢管桩承载力满足要求。

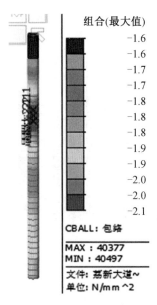

图 9.50 混凝土桩组合应力图(单位:MPa)

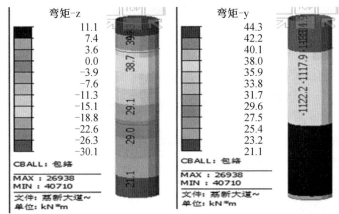

图 9.51 最不利钢管桩两端弯矩(单位:kN·m)及相应轴力(单位:kN)

钢管桩按压弯构件计算,其截面参数如图 9.52 所示,桩的长细比为 $\lambda = (4.825)/0.286 = 16.87$,故桩的稳定系数取 $\phi = 0.9777$。

由模型计算结果知,钢管立柱顶端对截面 $x$ 轴的弯矩为 $M_{xA} = 121 \text{ kN} \cdot \text{m}$,底端对截面 $x$ 轴的弯矩为 $M_{xB} = -116.4 \text{ kN} \cdot \text{m}$;钢管立柱顶端对截面 $y$ 轴的弯矩为 $M_{yA} = -264 \text{ kN} \cdot \text{m}$,底端对截面 $y$ 轴的弯矩为 $M_{yB} = 13.4 \text{ kN} \cdot \text{m}$;最大压力为 $N = 467 \text{ kN}$。

$$N_E = \frac{\pi^2 EA}{\lambda^2} = 159\,333 \text{ kN} \tag{9.9}$$

$$M = \max(\sqrt{M_{xA}^2 + M_{yA}^2}, \sqrt{M_{xB}^2 + M_{yB}^2}) = 44.3 \text{ kN} \tag{9.10}$$

$$\beta_x = 1 - 0.35\sqrt{N/N_E} + 0.35\sqrt{N/N_E}(M_{2x}/M_{1x}) = 0.971 \tag{9.11}$$

$$\beta_y = 1 - 0.35\sqrt{N/N_E} + 0.35\sqrt{N/N_E}(M_{2y}/M_{1y}) = 0.985 \tag{9.12}$$

## 第 9 章 钢栈桥的典型工程实例

**截面参数**

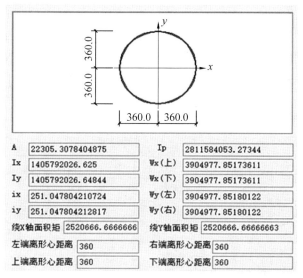

图 9.52　φ720 mm×10 mm 钢管桩截面特性（单位：mm）

$$(M_{2x}/M_{1x}) = \frac{\min(|M_{xA}|, |M_{xB}|)}{\max(|M_{xA}|, |M_{xB}|)} \tag{9.13}$$

$$(M_{2y}/M_{1y}) = \frac{\min(|M_{yA}|, |M_{yB}|)}{\max(|My_{xA}|, |M_{yB}|)} \tag{9.14}$$

$$\beta = \beta_x \beta_y = 0.956 \tag{9.15}$$

$$\sigma = \frac{N}{\varphi A} + \frac{\beta M}{\gamma_m W \left(1 - 0.8 \dfrac{N}{N_{Ex}}\right)} = 62.9 \text{ MPa} < 170 \text{ MPa} \tag{9.16}$$

(3) 钢管桩连接系计算。

计算表明，对各种工况取包络图（图 9.53～9.54），φ351 mm×8 mm 钢管连接系最大拉力为 129.5 kN，最大压力为 87.6 kN；φ273 mm×8 mm 钢管连接系最大拉力为 159.8 kN，最大压力为 142.9 kN。

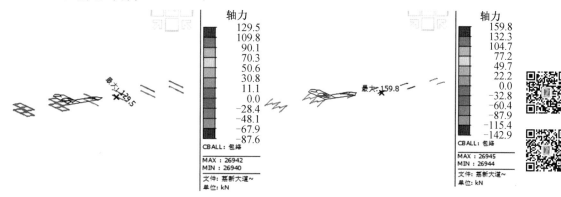

图 9.53　φ351 mm×8 mm 钢管连接系轴力（单位：kN）　　图 9.54　φ273 mm×8 mm 钢管连接系轴力（单位：kN）

钢管连接系按照轴心受力构件计算截面参数如图 9.55～9.56 所示。对于 φ351 mm×

8 mm 钢管连接系,拉应力为 $\sigma=129.5\times10^3/8\,621=15(MPa)<170(MPa)$,满足要求。考虑压杆稳定折减,钢管为 a 类截面,长细比 $\lambda_y=4\,371/121.3=36.035$,查得 $\phi=0.95$。折算压应力为 $\sigma=87.6\times10^3/(0.95\times8\,621)=10.7(MPa)<170(MPa)$,满足要求。对于 $\phi273\,mm\times8\,mm$ 钢管连接系,拉应力为 $\sigma=159.8\times10^3/6\,660=24(MPa)<170(MPa)$,满足要求。考虑压杆稳定折减,钢管为 a 类截面,长细比 $\lambda_y=2\,521/93.7=26.905$,查得 $\phi=0.97$。折算压应力为 $\sigma=142.9\times10^3/(0.97\times6\,660)=22.12(MPa)<170(MPa)$,满足要求。

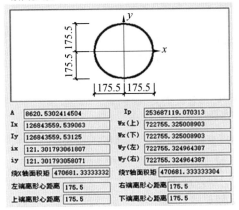

图 9.55　$\phi351\,mm\times8\,mm$ 钢管连接系截面特性

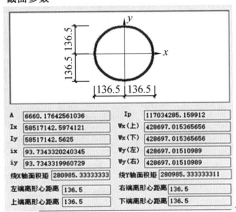

图 9.56　$\phi237\,mm\times8\,mm$ 钢管连接系截面特性

(4)桥台计算。

桥台采用钢筋混凝土重力式桥台,台后填土。

相关参数如下:①桥台高度 $H$ 为 3.12 m,台后填土高 $h$ 为 2.32 m,桥台挡土墙宽度 $B$ 为 14.25 m;②填土土质为素填土,取 $\phi=8\,mm$,$c=10\,kPa$,填土密度按 $19\,kN/m^3$ 计,主动土压力按朗肯土压力理论计算。

桥台立面布置图如图 9.57 所示,桥台平面布置图如图 9.58 所示。

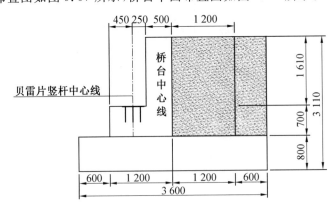

图 9.57　桥台立面布置图(单位:mm)

桥台混凝土方量为 69.9 m³,结构自重为 $G_1=1\,748\,kN$;台后土体自重为 $G_2=1\,131\,kN$;

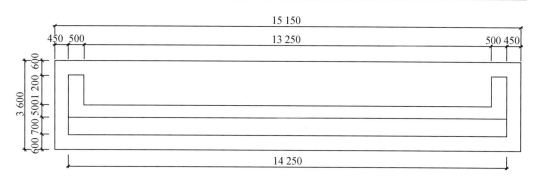

图9.58　桥台平面布置图(单位:mm)

单跨栈桥上部结构自重为 $G_3=803.5$ kN。

台后主动土压力计算时,取更不利情况,假定车辆荷载为公路一级标准车荷载,长度为12.8 m,作用宽度为1.8 m,换算成当量土重,$q=550/(12.8\times1.8)=23.87(kN/m^2)$。

主动土压力系数为

$$k_{a1}=\tan^2(44-\phi/2)=0.76$$

主动土压力为

$$P_{aA}=qk_{a1}-2c\sqrt{k_{a1}}=0.65 \text{ kPa}$$
$$P_{aB}=P_{aA}+\gamma H k_{a1}=572.4 \text{ kPa}$$

桥台受力分布及主动土压力强度分布图如图9.59所示。

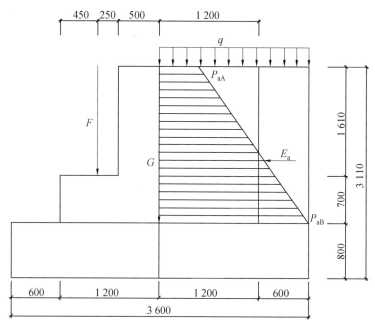

图9.59　桥台受力分布及主动土压力强度分布图(单位:mm)

经计算得

$$E_a=0.5\times(P_{aA}+P_{aB})hB=572.2 \text{ kN}$$

$E_a$ 离桥台底面的距离为

$$z = \frac{h}{3} \times \frac{2P_{aA} + P_{aB}}{P_{aA} + P_{aB}} = 0.79 \text{ m}$$

桥台前端考虑受车辆荷载,在此取三辆公路一级标准车 $T=550$ kN,由前述计算,其作用于桥台支点处反力为

$$F = \frac{1}{2}(G_3 + 3T) = 1\ 226.75 \text{ kN}$$

故桥台承载力为

$$M_{倾} = Fd + E_a z = 1\ 370.9 \text{ kN} \cdot \text{m} \tag{9.17}$$

$$G = G_1 + G_2 + \frac{1}{2}G_3 = 3\ 280.6 \text{ kN} \tag{9.18}$$

$$\sigma_{\max} = \frac{G}{A} + \frac{M_{倾}}{W} = 102 \text{ kPa} \tag{9.19}$$

$$\sigma_{\min} = \frac{G}{A} - \frac{M_{倾}}{W} = 18.3 \text{ kPa} \tag{9.20}$$

当下卧层土层的地基承载力不应小于 102 kPa 时,满足要求。

(5) 抗倾覆计算。

抗倾覆系数为

$$k_0 = \frac{s}{e_0}$$

$$e_0 = \frac{\sum P_i e_i + \sum H_i h_i}{\sum P_0}$$

式中所有参数详见 JTG 3363—2019《公路桥涵地基与基础设计规范》5.4.1 条。

在此,同样按上述假定进行纵桥向抗倾覆稳定计算,代入数据得

$$e_0 = \frac{\sum P_i e_i + \sum H_i h_i}{\sum P_0} = \frac{M_{倾}}{G} = 0.418 \tag{9.21}$$

$$k_0 = \frac{s}{e_0} = \frac{3.6/2}{0.418} = 4.31 > 1.5 \tag{9.22}$$

因此,桥台抗倾覆稳定性满足要求。

(6) 抗滑动稳定性计算。

桥台基础的抗滑动稳定性系数 $k_c$:

$$k_c = \frac{u \sum P_i + \sum H_{ip}}{\sum H_{ia}} \tag{9.23}$$

式中 $\mu$——桥台底面与土层的摩擦系数,按 0.4 计,其余参数详见《公路桥涵地基与基础设计规范》。

$$k_c = \frac{u \sum P_i + \sum H_{ip}}{\sum H_{ia}} = \frac{0.4 \times (3\ 280.6 + 1\ 226.75)}{572.2} = 3.15 > 1.2 \tag{9.24}$$

因此,桥台抗滑移稳定性满足要求。

# 参 考 文 献

[1] 中华人民共和国住房和城乡建设部,中华人民共和国国家质量监督检验检疫总局.钢结构设计规范:GB 50017—2017[S].北京:中国建筑工业出版社,2017:1.

[2] 中华人民共和国住房和城乡建设部.新钢结构设计手册[S].北京:中国计划出版社,2017:2-3.

[3] 包头钢铁设计研究总院,中国钢结构协会房屋建筑钢结构协会.钢结构设计与计算[M].北京:机械工业出版社,2006.

[4] 王仕统.钢结构与结构稳定理论[M].北京:机械工业出版社,2023.

[5] 蒋国辉.钢框架结构稳定承载力分析的广义塑性铰法[D].南宁:广西大学,2022.

[6] 王立军.GB 50017—2017《钢结构设计标准》疑难浅析(12)[J].钢结构(中英文),2019,34(12):114-115.

[7] 郭兵.结构稳定理论与设计[J].岩土力学,2019,40(S1):52-59.

[8] 黄慧,朱帆,高标,等.中美钢结构规范稳定性设计方法对比与探讨[J].武汉大学学报(工学版),2018,51(S1):98-101.

[9] 张圣华,魏亮.关于中、欧钢结构规范中钢梁稳定验算的探讨[J].钢结构,2016,31(7):63-65.

[10] 陈骥.各国钢结构设计规范中受弯构件稳定设计的比较[J].工业建筑,2009,39(6):5-12.

[11] 田兴运.钢结构稳定的概念设计[J].工业建筑,2008,38(S1):619-624.

[12] 卢家森,张其林.基于可靠度的钢结构体系稳定设计方法[J].同济大学学报(自然科学版),2005,33(1):28-32.

[13] 陈绍蕃.钢结构稳定设计的新进展[J].建筑钢结构进展,2004,6(2):1-13.

[14] 陈绍蕃.钢结构稳定设计的几个基本概念[J].建筑结构,1994,24(6):3-8.

[15] 王坦,罗坤,袁志仁,等.轮扣式脚手架足尺架体试验及抗连续倒塌性能研究[J].长春工程学院学报(自然科学版),2022,23(4):1-6.

[16] 中华人民共和国住房和城乡建设部.建筑施工脚手架安全技术统一标准:GB 51210—2016[S].北京:中国建筑工业出版社,2017:2-3.

[17] 中华人民共和国住房和城乡建设部.建筑施工碗扣式钢管脚手架安全技术规范:JGJ 166—2016[S].北京:中国建筑工业出版社,2017:2.

[18] 北京土木建筑学会.建筑施工脚手架构造与计算手册[M].北京:中国电力出版社,2009.

[19] 于海祥.建筑施工碗扣式钢管脚手架安全技术手册[M].北京:中国建筑工业出版社,2017.

[20] 高秋利.碗扣式钢管脚手架施工现场实用手册[M].北京:中国建筑工业出版社,2012.

[21] 潘瑜.基于FTA的碗扣式钢管满堂支撑架坍塌危险性分析[J].山西能源学院学报,2017,30(4):201-203.

[22] 梁昊庆,崔晓强.关于JGJ 231—2010中承插盘扣式脚手架立杆计算长度和风荷载弯矩计算的探讨[J].建筑结构,2017,47(S2):200-206.

[23] 张春凤.碗扣式模板支撑架体系稳定承载力分析[D].合肥:合肥工业大学,2017.

[24] 邹阿鸣,李全旺,何铭华,等.基于三折线半刚性节点模型的碗扣式脚手架受力性能有限元分析[J].建筑结构学报,2016,37(4):151-157.

[25] 徐州.碗扣式脚手架的传力规律研究及缺陷分析[D].合肥:安徽建筑大学,2016.

[26] 郭佳,何铭华,殷治宁,等.碗扣式钢管脚手架位移监测系统研制及预警值确定[J].公路工程,2014,39(6):316-320.

[27] 胡鹏飞.碗扣式模板支撑架静力性能研究[D].杭州:浙江大学,2013.

[28] 易桂香,辛克贵,黄勋.有多层立杆的双排碗扣式脚手架稳定性分析[J].工程力学,2012,29(3):62-66.

[29] 高秋利.碗扣式钢管脚手架和支撑架受力性能试验与分析[D].天津:天津大学,2011.

[30] 辛克贵,黄勋,沈邕,等.碗扣式钢管模板支撑架足尺模型承载力试验研究[J].施工技术,2010,39(12):67-70.

[31] 刘辉.碗扣式脚手架在桥梁支撑应用中存在的问题及对策[J].施工技术,2010,39(7):13-14.

[32] 孙长江.碗扣式钢管脚手架垮塌原因分析[J].铁道建筑技术,2010(5):66-69.

[33] 杜萌.脚手架为何频频"杀人"安全制度成摆设是主因[N].法制日报,2010-01-22(4).

[34] 易桂香,辛克贵,高秋利,等.双排碗扣式钢管脚手架稳定承载力分析[J].工业建筑,2009,39(S1):1130-1133,1093.

[35] 杨亚男.《建筑施工碗扣式钢管脚手架安全技术规范》JGJ 166—2008的编制及其说明[J].施工技术,2009,38(6):1-3.

[36] 王勇.水上栈桥的设计与施工[J].铁道建筑技术,2007(S1):35-36.

[37] 衣振华.碗扣式脚手架支撑在桥梁施工中倒塌的原因及对策[J].工业建筑,2006,36(3):105-107.

[38] 刘宗仁,涂新华,张琳.脚手架设计与计算软件的研制和开发[J].施工技术,2000,29(11):15-16,33.

[39] 糜嘉平.我国新型脚手架的发展动向[J].施工技术,1999,28(3):1-3.

[40] 杜荣军.我国建筑施工脚手架发展的回顾与展望[J].建筑技术,1994,25(8):464-467,505.

[41] 刘鸿文.材料力学[M].3版.北京:高等教育出版社,1993.

[42] 江景波,赵志缙.建筑施工[M].2版.上海:同济大学出版社,1990.

[43] 李梦晨,赵瑜隆,董飞,等.贝雷梁支架稳定性监测及预警[J].山东交通学院学报,2021,29(4):72-77,83.

[44] 于长安,张志伟,张刚永,等.桥梁现浇施工梁柱式支架体系设计与应用[J].施工技术,2020,49(16):61-65.

[45] 田小路.复杂条件下梁柱式支架施工技术应用研究[J].铁道建筑技术,2018(9):54-57.

[46] 彭容新,潘伶慧,杨传建,等.超宽桥现浇段贝雷梁柱式支架的非线性分析[J].公路,2018,63(7):126-131.

[47] 周笔剑.高速铁路连续梁梁柱式支架沉降监测技术[J].石家庄铁道大学学报(自然科学版),2017,30(S1):58-60.

[48] LI Q, WANG K, XUE Y D, et al. Dynamic fracture process of T-shaped beam-column specimens with prefabricated cracks under offset impact[J]. Theoretical and applied fracture mechanics, 2022, 121: 103518.

[49] 石亚楼,雷建平,邹旭东.斜腿刚构拱桥贝雷梁柱式支架的安全性验算[J].工程与建设,2019,33(2):244-247.

[50] 王肖,钟春松,袁瑞.新型梁柱式现浇支架模板系统的设计与施工[J].公路,2018,63(7):44-48.

[51] 王青俭.军用梁柱式支架在现浇箱梁施工中的应用[J].国防交通工程与技术,2014,12(1):77-80.

[52] 冬青.100m跨连续梁高支架设计与施工[J].铁道建筑技术,2013(9):20-25.

[53] ADEYEFA O, OLUWOLE O. Finiteelement modeling of stability of beam-column supports for field fabricated spherical storage pressure vessels[J]. Engineering, 2013, 5(5): 475-480.

[54] 张大海,王敏.现浇箱梁贝雷梁柱式支架的安全性验算[J].交通标准化,2012,40(1):110-112.

[55] 李文斌,雷坚强,曾德荣.移动贝雷梁柱支架空间稳定性研究[J].重庆交通大学学报(自然科学版),2009,28(1):11-15.

[56] 雷坚强.移动贝雷梁柱支架施工中的稳定性问题研究[D].重庆:重庆交通大学,2008.

[57] 张玉斌,王云,徐镭.张湾特大桥钢栈桥设计与施工技术[J].建筑结构,2020,50(S1):1153-1155.

[58] 胡常福,彭德清,吴飞.装配式钢栈桥设计与施工[M].北京:人民交通出版社,2018.

[59] 中华人民共和国交通部.公路桥涵钢结构及木结构设计规范:JTJ 025—1986[S].北京:人民交通出版社,1987:3.

[60] 中华人民共和国交通运输部.公路桥涵设计通用规范:JTG D60—2015[S].北京:人民交通出版社,2015:1.

[61] 中华人民共和国住房和城乡建设部.建筑结构可靠度设计统一标准:GB 50068—2018[S].北京:中国建筑工业出版社,2018:1.

[62] 周水兴,何兆益,邹毅松.路桥施工计算手册[M].北京:人民交通出版社,2001.

[63] 刘陌生.装配式公路钢桥多用途使用手册[M].北京:人民交通出版社,2002.

[64] 严海宁,江栋材,向一明,等.大型海上钢栈桥及钢平台标准化施工工艺研究[J].中国水运,2019(5):112-114.

[65] 张战凯,边鹏飞.深水钢栈桥设计方案对比分析[J].公路,2018,63(6):177-180.

[66] 姜枫,朱艳峰.特大钢栈桥海上施工结构承载力研究与方案设计[J].铁道科学与工程学报,2018,15(6):1487-1493.

[67] 刘永锋.大跨度钢桁架栈桥结构性能分析与跨度提升研究[D].郑州:郑州大学,2018.

[68] 陈强,林玉明.跨海特大桥栈桥设计与施工技术研究[J].铁道建筑技术,2018(2):65-68,106.

[69] 郭晓松.某施工钢栈桥的结构设计分析[J].低温建筑技术,2017,39(11):86-89.

[70] 喻佳.钢栈桥、平台施工技术应用研究[D].西安:长安大学,2017.

[71] 甄相国.某桥梁施工钢栈桥及钻孔平台稳定性有限元分析[D].衡阳:南华大学,2017.

[72] 杜超然.沿海钢栈桥构件的腐蚀状态评价与防护技术[D].哈尔滨:哈尔滨工业大学,2016.

[73] 宋小军.跨河钢栈桥施工要点及浅覆盖地层钢管桩加固措施[J].铁道建筑技术,2016(5):42-44.

[74] 伊凯.深水急流裸岩钢栈桥施工技术研究[J].铁道建筑技术,2016(2):17-21.

[75] 何树凯.跨江大桥水中基础施工方案设计[J].世界桥梁,2014,42(2):52-56.

[76] 李垚,卢勇,关成元,等.浅覆盖地层钢栈桥施工技术[J].公路工程,2013,38(5):249-253,286.

[77] 李峰,闫芳芳,白韬,等.大跨度输煤钢结构栈桥模态及竖向地震响应[J].西安科技大学学报,2013,33(5):549-553.

[78] 王红伟.水中钢栈桥在施工中的运用与探讨[J].石家庄铁道大学学报(自然科学版),2013,26(S1):51-53.

[79] 白韬.大跨度钢结构栈桥风振响应分析[D].西安:西安建筑科技大学,2013.

[80] 田娥,杨正军,李毅,等.大型钢结构工程中临时钢栈桥设计及验算[J].工业建筑,2012,42(9):157-161.

[81] 唐栋梁,张中锋,火照才,等.深水大流速条件下的钢栈桥抗倾覆设计[J].公路交通技术,2012,28(4):64-69.

[82] 焦晋峰,雷宏刚.山西某焦化厂焊接空心球节点钢结构栈桥倒塌事故原因分析[J].建筑结构学报,2010,31(S1):103-107.

# 名 词 索 引

## B
泊松比 1.3

## C
残余应力 1.3
侧向夹支长度 1.3
侧向抗弯刚度 1.3
侧向失稳 1.3
长细比 1.3
冲击试验 1.2
初弯曲 1.4
纯弯作用 1.3

## D
地基承载力修正系数 2.3
等效初始缺陷 1.4
等效弯矩系数 1.3
低合金结构钢 1.2
低温性能 1.2
第二类稳定问题 1.4
第一类稳定问题 1.3

## E
二阶效应 1.4

## F
风荷载体型系数 2.3
风压高度变化系数 2.3

## G
杠杆法 8.3
惯性力系数 9.2

## H
焊接性能 1.2
横向力系数 9.3
横向折减系数 8.3
胡克定律 1.4
回转半径 1.4

## J
极值点失稳 1.4
几何缺陷影响系数 1.3
计算长度/有效长度 1.3
计算长度系数 1.4
夹支跨度 1.3
节点弹性刚度 9.3
截面不对称修正系数 1.3
截面惯性矩 1.4
截面扭转角 1.3
截面影响系数 1.4
静阵风系数 9.3
局部失稳 1.1

## K
抗滑动稳定性系数 9.3
抗拉强度 1.2
抗力分项系数 1.3
抗扭刚度 1.3
抗倾覆系数 9.3
抗弯刚度 1.3
可切削性能 1.2
宽厚比 1.3

## L

冷冲压性能 1.2
离心力系数 8.3
理论容许承载力 5.3
力学性能 1.1
临界力 1.3
临界弯矩 1.3
临界弯矩系数 1.3
临界应力 1.3

## M

毛截面面积 1.4
毛截面模量 1.4

## N

能量法 1.3
扭转屈曲/扭转失稳 1.4

## O

欧拉临界力 1.3

## P

佩利公式 1.4
平衡分岔失稳 1.4
平衡微分方程 1.3

## Q

汽车荷载冲击系数 8.3
翘曲刚度 1.3
切线模量 1.3
清底系数 9.3
屈服点 1.2
屈服强度 1.2
屈曲平衡方程 1.3
屈曲系数 1.3
全截面模量 1.3

## R

热机械轧制钢 1.2
热轧钢 1.2
韧性 1.2

## S

伸长率 1.2
深度修正系数 9.3
水流阻力系数 9.2
水平地基抗力系数的比例系数 9.3
塑性 1.2
塑性系数 1.3
随遇平衡 1.4

## T

弹性模量 1.4
弹性嵌固系数 1.4
弹性弯扭失稳 1.3
弹性稳定理论 1.3
碳素结构钢 1.2
通用高厚比 1.3

## W

弯矩折减系数 2.3
弯扭屈曲/弯扭失稳 1.3
弯扭屈曲系数 1.3
弯扭失稳 1.3
弯曲屈曲 1.4
弯曲试验 1.2
稳定系数 1.3

## X

线膨胀系数 7.2
小变形假设 1.3
小挠度理论 1.3
修正弹性模量系数 1.4
修正系数 1.3

# 名词索引

## Y

耶硕克近似解析法 1.4
应力－应变曲线 1.4
有效长细比 1.4
有效截面模量 1.3

## Z

整体稳定 1.3
整体稳定承载力 1.3
整体稳定系数 1.3
正火轧制钢 1.2
正弦半波曲线 1.3
正则化高厚比 1.3
中性平衡 1.4
主动土压力系数 9.3